遗传学实验指导

郭振清 主编

中国农业科学技术出版社

图书在版编目（CIP）数据

遗传学实验指导／郭振清主编．—北京：中国农业科学技术出版社，2015.8
ISBN 978 – 7 – 5116 – 2102 – 3

Ⅰ．①遗…　Ⅱ.①郭…　Ⅲ.①遗传学 – 实验 – 高等学校 – 教学参考资料
Ⅳ.①Q3 – 33

中国版本图书馆 CIP 数据核字（2015）第 105672 号

责任编辑　闫庆健　范　潇
责任校对　马广洋

出 版 者　中国农业科学技术出版社
　　　　　　　北京市中关村南大街 12 号　邮编：100081
电　　话　(010) 82106625（编辑室）　(010) 82109702（发行部）
　　　　　　　(010) 82109709（读者服务部）
传　　真　(010) 82106625
网　　址　http：//www.castp.cn
经 销 者　各地新华书店
印 刷 者　北京建宏印刷有限公司
开　　本　787 mm ×1 092 mm　　1/16
印　　张　4. 5
字　　数　80 千字
版　　次　2015 年 8 月第 1 版　2020 年 5 月第 2 次印刷
定　　价　14. 80 元

前　言

  遗传学（*Genetics*）作为一门学科，还很年轻，但它的发展非常迅速。遗传学从诞生到今天，一百年来，已发展成为生物科学的带头学科。遗传学的迅速发展与实验方法、实验设备的不断更新有着不可分割的联系。遗传学不仅是一门理论性很强的基础课，而且它的实践性也很强。实践证明，只有理论学习与实践操作同时并存、相互补充，才能真正学好遗传学。

  遗传学实验的目的主要有两方面：一方面验证遗传学的基本规律，帮助理解和记忆遗传学的基本理论；另一方面是学习和掌握遗传学研究的基本操作技能，为将来从事遗传研究或继续深造打好基础。

  本实验指导是在参考有关资料修正、补充而成。为适应几个专业的使用要求，并注意生物科学、农学等专业的特点，所选材料主要是植物，兼顾动物和微生物。在教学过程中，根据各专业特点和学时数，从中选开有关实验、实验的顺序视材料的准备情况会有变动。

  由于编者水平有限，错误和欠妥之处在所难免，恳请使用本实验指导的同志批评指正，以便补充修改。

遗传学实验室工作规则

为了获得准确的实验结果，避免在工作中发生差错和意外事故，实验者必须严格遵守下列各项规则：

- 实验前预习实验指导及有关的课堂讲授内容，制订周密的计划，按照计划或者指导教师的规定进行实验操作。

- 准时到达实验室进行实验，携带绘图用品。试验中保持室内肃静，抓紧时间完成实验并随时把实验中出现的情况和最后结果详细地记录下来。

- 按时交实验报告，绘图必须用铅笔，要求清晰正确，比例适当，报告书写要求简明工整。

- 保持实验室卫生整洁，节约药品和各种实验材料，勿乱泼乱倒，爱护一切实验仪器和用具，如有丢失，损坏要酌情赔偿损失。

- 实验完毕，将所有用过的仪器用具擦洗干净，填好使用记录，物归原处。经允许方可离开，每次指派人员值日，关闭电源、水源。

目　　录

实验一　减数分裂的观察

　　减数分裂是染色体数目减半的有丝分裂，生物体在个体发育到一定阶段进入性成熟，产生性母细胞，经减数分裂形成配子（或孢子，再经过有丝分裂发育到配子体）。故也叫成熟分裂。

　　减数分裂的特点是：在染色体一次复制的基础上进行两次连续的细胞分裂，即是染色体进行了一次分离和一次分裂，其结果，使染色体数目减半，形成单倍体染色体数的性细胞，即由 2n 变为 n。

　　减数分裂在遗传上的重要性在于：单倍配子融合，保证了合子染色体数目的恒定性，从而保持了物质遗传上的稳定性，减数分裂过程中，同源染色体的联会，非姊妹染色单体的交叉互换，以及后期Ⅰ同源染色体的分离和随机组合，都关系到遗传物质的重新分配和组合的问题，为遗传上的分离、独立分离、连锁交换提供了物质基础，同时也为生物后代多样性创造了前提条件，从而有利于生物的适应、进化、自然选择和人工选择。

　　减数分裂的两次连续的分裂都可以分为前期、中期、后期和末期，其又以第一次分裂的前期染色体变化最为复杂，可分为细线期、偶线期、粗线期、双线期、终变期。

　　前期Ⅰ：细线期：染色质浓缩呈细线状盘绕成团，靠近核仁的一边，部分细丝则向核的另一边发散，如菊花状。在电镜下可见染色体成双的状态。

　　偶线期：同型（同源）染色体相互靠近，首先从端粒开始，渐次扩展到整个染色体进行精确地配对，这种同源染色体间相互吸引和纵向靠拢就称为联会。这是染色体行为在有丝分裂和减数分裂上的主要区别之一，一个来自父本，一个来自母本的两个同源染色体联会在一起的单位叫做二价体。

　　粗线体：配对的染色体随着螺旋化地加强而逐渐缩短变粗。染色体的个体性也逐渐明显，可以数到单倍体数目的染色体，并能根据染色体的相对长度，着丝点位置，染色体的大小及特征加以区别，此时每个染色体均已复制为二，但着丝点尚未完成复制分开，故每个二价体都包含4条染色单体，被称为四合体。一条染色体的两条染色单体相互为姊妹染色单体，它们对其同源染色体的两条染色单体来说，则是彼此相互称为同源非姊妹染色单体，此时，四合体中的两个同源非姊妹染色单体，某一相对位置同时发生断裂而后"差错地愈合"，彼此交换了片段，从而导致杂合基因之间的交换，产生遗传性状的重新组合，故而染色体交换是生物变异的重要来源之一。

双线期：染色体进一步缩短变粗。同源染色体开始相互排斥，但发生过交换的部位仍粘在一起，形成交叉结，所以双线期联会在一起的染色体好像"麻花"一样。在同种生物中，交叉数目一般与染色体长度成正比。

终变期：染色体高度浓缩，同源染色体更加斥离，使交叉结逐渐向两端移动，此现象称为交叉移端。此时，各二价体向核的四周扩散近核膜分布，是计数染色体的良好时期，核仁仍然存在。

中期Ⅰ：核膜及核仁解体，细胞质里出现纺锤体，所有二价体均排列在赤道板上，位于纺锤体地中间，每对同源染色体的两个着丝点分别向着相对的一极，此时已经决定了一对同源染色体将要分向两极的去向，然而各同源染色体的两个成员朝向哪一极是随机的，不同的性母细胞中，中期Ⅰ染色体的排列有着极大的变化，从而为非同源染色体在配子中的自由组合创造了条件。此时，侧面看去，各二价体排横行在纺锤体中部；从极面看，各二阶体呈分散排列在赤道板上。

后期Ⅰ：同源染色体由纺锤丝的牵引而分离，并向两极移动，使得所形成的两个子细胞中的染色体数目减少了一半，即由2n变成了n。这时的分离染色体每根包括两根染色单体，其着丝点尚未分裂，DNA量为2C。这样使得同源染色体必然分离，而非同源染色体则以均等机会随机结合于不同配子中。这是后代变异的又一重要来源。

末期Ⅰ：拉至两极的染色体又聚合起来，中央由纺锤丝形成细胞板，把一个母细胞分隔成两个子细胞。称为二分体。核膜、核仁开始形成。

间期：子细胞中核仁核膜完全形成，染色体解旋为染色质。此期间很短促，紧接进入下次分裂。

前期Ⅱ：染色体又重新出现，每一条染色体的两个姊妹染色单体互相排斥，而着丝点处仍相连，形成"X"状。

中期Ⅱ：染色体显著缩短变粗，排列于赤道板上，然后着丝点复制并分裂。

后期Ⅱ：每个染色体的着丝点分裂、使姊妹染色单体各具一着丝点，称为一独立的染色体，由纺锤丝拉向两极，完成了遗传物质的减半，即从2C变成1C。

末期Ⅱ：分至两极的染色体聚集起来，组成新核，在赤道板出现成核体、植物中形成细胞壁，于是由一个母细胞共分裂成为 4 个子细胞，植物花粉母细胞减数分裂结束时，4 个子细胞仍联合在一起，叫做四分体。

上述为典型的减数分裂过程，但对具体的材料来说并不全是如此。如蝗虫的减数分裂不经末期Ⅰ、间期和前期Ⅱ、而继后期Ⅰ、到中期Ⅱ；在蚕豆等作物末期Ⅰ并无细胞质分裂，而是直接到第二次核分裂完成之后，才发生细胞质的分裂。

减数分裂中染色体的行为变化与植物的遗传变异密切相关，它是遗传学几个基本原则共同的细胞学基础，是我们研究生物遗传变异进化和选择很重要的课题。

一、实验目的

观察并熟悉减数分裂的全过程，以及各个时期的染色体行为和变化，为巩固遗传学基本规律奠定了细胞学基础。

二、实验材料

玉米花粉母细胞减数分裂各期的永久制片若干张。

三、实验用品

光学显微镜、二甲苯、擦镜纸。

四、实验方法

根据前述减数分裂各时期的特点，在显微镜下，先低后高倍地寻找花粉母细胞分裂相，仔细观察，并分析确定时期，最后按镜下观测的实际情况绘图。

五、作业

绘出减数分裂各期的图像。

思考题

1. 减数分裂过程中，遗传物质是怎样实现重新组合的？

2. 减数分裂与有丝分裂的区别何在？在遗传上的意义如何？

实验二　花粉母细胞涂抹制片

临时涂抹压碎制片法是观察植物细胞减数分裂最简单、最有效的方法。是细胞学和细胞遗传学研究最基本技能之一。也是育种实践中鉴定染色体的基本方法。它不仅以经济简便而优于其他方法，并且由于他能在显微镜视野内完整无遗的展现细胞的全部染色体，而胜于其他方法。它具有操作简便省时，能尽快得到植物细胞染色体的分散而清晰的图像等优点，是近代细胞学上常用的研究细胞分裂的手段。学习并掌握花粉母细胞涂抹制片技术，也是我们从事遗传育种研究的基本功之一。

减数分裂都发生在性细胞形成过程中。观察减数分裂无论植物或者动物均以雄性为方便。植物是取正在成熟过程中的幼嫩雄蕊的花药。其内部的花粉母细胞应处于减数分裂过程中。玉米选择正在孕穗的植株，手摸植株中上稍微膨大部分有柔软之感，即表示内部正在孕穗。小麦、水稻、大麦、黑麦可取剑叶环与下一叶叶环相平或为负值时的幼穗。各种作物的具体外部形态指标，因每年的气温、水肥等条件而变化，需要先加以观察才能得出具体指标。固定材料取样的时间一般可在上午 9:00 ~ 11:00，夏熟作物可略为推迟 1 ~ 2h。

一、实验目的

学习并掌握花粉母细胞涂抹制片的基本方法，加深对生物减数分裂的认识和理解。

二、实验材料

经过固定，处于减数分裂中的黑麦（*Secale cereale*）幼穗、大麦（*Hordeum sativum*）幼穗、玉米（*Zea mays*）幼嫩雄花序和蚕豆（*Vicia faba*）花蕾等。

三、实验用品

（1）仪器：光学显微镜、解剖针、镊子、载片、盖片、纱布、表面皿、吸水纸、酒精灯、培养皿。

（2）试剂：1%醋酸洋红、45%醋酸、无水乙醇、95%乙醇、正丁醇、加拿大树胶。

四、实验方法

1. 取材固定

取材的时间及材料的大小必须恰当，才能获得更多的花粉母细胞分裂相，此外及时的固定，也是观察染色体减数分裂的重要条件。

取材：在玉米抽雄前 7～10 天，即大喇叭口期，用手挤捏喇叭口下部叶鞘，在感觉松软处，以刀片划一纵向切口，剖开取出数条花序分枝观察，如先端小花苞长 3～4mm，即可取用。时间在上午 7:00～10:00，气温 25～30℃，此时正是玉米花粉母细胞分裂的高峰期。

补充：小麦植物开始挑旗，旗叶与下一叶的叶耳距 3～4cm，穗长为 3～4cm 比较适合，此时花药大致在 1.5～2mm，黄绿色。麦穗的发育顺序一般以中上部小穗最先发育，一次向上下推移。每一小穗的发育是由基部向顶端推移，即第一小花比第二小花早 2～3 个分裂期，但越到后来越接近。

固定：就是利用化学药剂把细胞迅速杀死，使蛋白质变性和沉淀，并尽量保持各种结构的原有状态，便于染色及染色体观察分析等细胞遗传学的研究。

固定方法：取样后应立即投入固定液中，即随取随浸。有芒的穗应剪去，较大的应分段浸入固定，固定时应在低温处，一般在冰箱内固定 1～24h。将固定后的材料用 95% 乙醇洗 2 次，每 10min，再经 80% 的乙醇泡洗 10min 至无酸味时，最后放入 70% 的乙醇中保存。

2. 染色制片

选择理想的分裂时期是染色制片成功与否的重要前提条件。

玉米雄穗分枝，主轴最老，从上至下逐渐幼嫩，每一侧枝的中上部最老，由此向上向下越发幼嫩。每一侧枝上小穗是成对着生，无柄小穗发育时期略早于相邻的有柄小穗。

每个小穗有两朵小花，第一小花（上部）老于第二（基部）小花。每朵小花内有 3 个药；第一小花的分裂最有规律，可沿侧枝连续找到各个分裂时期。第一小花中的 3 个花药通常在同一个分裂期。如果第一小花都太老，那么在第二小花可以找到理想的分裂期，不过，分裂期的次序不像第一小花那样有规律。

先取玉米雄穗分枝置于表面皿中，加少许保存液，防干。用镊子取适当部位的花药 1～3 个（最好同一朵花），移至载片上，滴一滴染色液，用解剖针切断花药，并挤压，使花粉母细胞从切口散出。而后将药壁残渣捡除干净。再搅动染液，使花粉母细胞散开。至镜下低倍初检，如花粉母细胞正处于分裂期，即加上盖片，在其四周稍加染液，将载片在酒精火焰上来回烘烤几次，注意勿使药液沸腾和干燥，接着用拇指垫上吸水纸轻压盖片，注意不能有平移，这样才能使染色体着色较深，细胞质染色又大部分褪去，二者对比鲜明而且染色体比较分散并处于同一平面内便于观察。如果染色太浅（或太深）可再盖片四周稍加染色液（或者 45% 醋酸），将其渗透，再烘，再压，直至染色体明显清晰为止。

3. 镜检

观察定期使应识别镜下的几种细胞：体细胞、花粉母细胞，四分体脱开后刚发育的幼小花粉粒及成熟的花粉粒等。玉米花粉母细胞的压片，在镜下观察一些形态较小而且整齐均一的细胞，即是花药壁体细胞。同时可看到一些形状显著较大，比前述细胞大十来倍，圆形或扁圆形，不很规则，但其细胞核大，几乎充满了整个细胞，这就是花粉母细胞。如有比体细胞大但比花粉母细胞小，略呈扇形的细胞，就是从四分体脱开后的小孢子或幼小的花粉粒、如有形态较大的椭圆形、似有明亮外壳、内部较透明的细胞，则是长大的花粉粒。减数分裂就是从花粉母细胞开始的，凡形状大小同花粉母细胞相近且范围内由似空腔的核仁，出现丝状、条状、棒状物者，即正在减数分裂的花粉母细胞，注意对这类细胞进行细致的观察分析，判断所处时期，典型的做成永久片。

4. 永久制片

将配置好的脱水透明液（1）、（2）、（3）号培养皿顺序排好。将制好的临时片翻转，便盖片朝下，浸入（1）溶液中，使玻片一端置于玻棒上而呈倾斜，让盖片自行滑落。此时载片材料面朝下盖片相反。将载片翻转于，并将盖片材料面向上放于载片一端，用镊子从（1）号液中取出，稍控干，便依次放入（2）、（3）内进行脱水、脱酸、脱色 1～2min，取出载片和盖片，吸取多余的液体，滴一滴树胶于载片上有材料的地方，再将盖片翻转（有材料一面朝下）盖于载片上原来位置。最后用镊子轻点盖片，使树胶布满为宜。在经镜检材料仍在而且符合要求，则粘贴标签，注明时期、姓名、日期、置阴凉处保存晾干。

五、作业

每人至少交两张减数分裂永久制片。

药品配制

1. 卡诺氏固定液（Carnoy）

配方（Ⅰ）：纯酒精（或95%酒精）	3 份
冰醋酸	1 份
配方（Ⅱ）：纯酒精	6 份
氯仿	3 份
冰醋酸	1 份

2. 醋酸洋红染液

量取 45ml 冰醋酸加入 55ml 蒸馏水中，即成 100ml 45% 的醋酸。加热至沸，移去火焰徐徐加入 2g 洋红粉末、加热至沸 1～2min 并同时悬入一生锈的小铁钉，或者等冷却后加入几滴 2% 铁明矾（硫酸铁铵）。过滤后储藏于棕色瓶中备用。

注：放入铁钉或铁明矾或氢氧化铁的 45% 醋酸饱和液，是使染色剂略具铁质，可以增强染色性能。

脱水、透明封片剂：

3. 配方（Ⅰ）

叔丁醇法：将培养皿编号。

（1）45% 醋酸；

（2）1/2 冰醋酸 +1/2 叔丁醇，（1/2 总体积）；

（3）纯叔丁醇。

4. 配方（Ⅱ）

正丁醇法：将培养皿编号。

（1）1/2　95% 乙醇 +1/2 冰醋酸 + 正丁醇（数滴）；

（2）1/2　95% 乙醇 +1/2 正丁醇；

（3）正丁醇。

封片剂：加拿大树胶，可以对应的叔丁醇或正丁醇稀释。

实验三　蝗虫精母细胞的减数分裂

一、实验目的

1. 掌握动物精母细胞染色体制片法。
2. 了解动物生殖细胞形成过程和减数分裂各个时期中的染色体形态。

二、实验材料

雄性蝗虫（*grasshopper*）。

三、实验用品

1. 仪器：剪刀、解剖针、镊子、载片、盖片、棕色试剂瓶（带胶头滴管）、刀片、吸水纸、纱布、酒精灯、培养皿、火柴、烧杯（250ml、100ml）量筒、大广口瓶（200ml）、显微镜、细玻璃棒、小刀、毛巾、松香、石蜡。
2. 试剂：无水乙醇、冰醋酸、洋红、蒸馏水、阿拉伯胶、盐酸、甘油。

四、实验方法

取蝗虫精巢为材料→低渗→固定→酸化→压片→镜检。

五、作业

绘制减数分裂过程各期图像。

实验四 有丝分裂的观察

　　生物体内的细胞总是进行着自我增值，其细胞学基础就是细胞分裂。只有真核生物才有完善的细胞分裂机制——有丝分裂，其普遍存在于真核生物的细胞中。一个细胞的生活史，即一个子细胞到完成了下一次分裂的过程叫做细胞周期（或分列周期）。每一个细胞周期包括分裂间期和分裂期。

　　间期是细胞从一次分裂结束到下次分裂开始前的一段时间成为间期。间期的细胞核处于新陈代谢高度活跃的状态，包括 DNA 的复制加倍，细胞组分的合成，组蛋白的量也有相应的增加，从而为子细胞的形成准备了物质条件，间期又可人为地划分为 3 个时期：DNA 合成前期（G1）、DNA 合成期（S）、分裂准备期（G2）。其中，G1 期的长短变化最大。核内 RNA 合成、蛋白质合成速度提高、S 期 DNA 复制、染色体物质加倍，无论在 DNA 分子水平上，还是在细胞染色体水平上，都是半保留复制，从而保持了遗传信息的均等性。然而各个染色体或染色体各部分的 DNA 合成开始时间及合成速度是不一样的。一般来说，异染色质要比常染色质晚些合成。染色体的复制单位叫做复制子。

　　分裂期即是细胞实体一分为二的过程，也称为 M 期，有丝分裂就是在体细胞分裂的 M 期，细胞分裂成均等的两个子细胞。这种分裂的核内变化过程叫做有丝分裂，这里又包括：子细胞核的形成过程，即核分裂及子细胞形成过程，即胞质分裂两大步骤。

　　核分裂的过程在动植物中大体是一样的，都可分为紧密衔接着的前期、中期、后期、末期等 4 个时期。

　　前期：细胞核中代谢期染色丝绕螺旋化而变得短粗，形成染色体，分散在核膜的内缘。这时的每条染色体已是一对染色单体，由着丝粒相互联系在一起，但所能看到的仍是由共同的介质所包围的一条染色体。此期开始时可见明显的核仁，以后随着核仁的解体和核膜的消失以及染色体向赤道板的移动而进入中期。

　　中期：染色体着丝粒排列在纺锤体赤道板上。纺锤体是由一些贯穿两极的连续丝，以及一些一端连着染色体的着丝点，另一端集中于细胞极处的染色体牵丝共同构成。此时的染色体已经纵裂为光学显微镜下所能见的两个相同的染色单体，只因着丝粒尚未分裂，而仍然联系在一起。着丝粒是染色体最后分离的部分，形态表现为染色体的细狭部（初缢痕），同时它又是 DNA 的非凝聚状态，应处于活性时期中，其活性可能与诱导着丝点微管有关。由于这个时期的染色体已经形成了其四级结构，即具有典型形态结构的染色体，因此，是染色体计数和组型分析的最适时期。

后期：着丝粒分裂，导致了各染色体的两条染色单体分开成子染色体，并在纺锤丝的牵引下移至两极，成为独立的染色体组。

末期：到达两极的子染色体，其螺旋结构解体而形成染色质状态。核膜开始重建，核仁物质重新积聚，再次出现核仁于核仁组织区（次缢痕）。随着纺锤体的解体，在植物细胞中，纺锤体中央部变为膜体，并向两端发育成细胞壁。动物细胞中则在赤道板上形成裂沟，从而形成两个子细胞。

核分裂后，紧接着便是胞质的分裂，这在真核生物增值中一般是一致的，胞质分裂早在核内分裂完全结束之前，即在末期开始后，就伴随着细胞或裂沟的形成而进行了，胞质内的细胞器，如叶绿体和线粒体，能够吸收和补充自身的组成成分而生长增大，在细胞核的配合下，依靠自己的遗传物质和蛋白质合成机构，在分裂间期，复制自己的 DNA，合成自己特有的蛋白质，并以原核细胞的方式进行分生，或用出芽方式生成前质体或前线粒体，在有丝分裂末期，随着胞质的分离而随机的分配到两个子细胞中。至此，两个子细胞的形成，标志着有丝分裂过程的彻底结束。

有丝分裂是细胞、细胞核乃至染色体均等的增值过程，由于每条染色体精确的复制为二，均等分配，其结果，使两个子细胞与母细胞在遗传组成的数量与质量上完全一致，从而保证了形状发育和遗传的稳定性。据此可以推断，生物遗传信息的正确传递与染色体的准确复制和均等分离有直接关系，而且支配生物性状表现的遗传物质，应该主要存在于细胞核内的染色体上，在遗传育种实验中，研究染色体形态结构，检查染色体数目，以及作染色体组型及带型分析等，主要是通过有丝分裂的观察进行的，因此，熟悉有丝分裂过程，掌握制片观察方法，是从事遗传研究和育种工作的基本功之一。

一、实验目的

1. 观察有丝分裂中染色体行为的变化，熟悉有丝分裂的全过程。

2. 学习并掌握材料处理，染色制片技术和观察方法。

二、实验材料

黑麦（*Secale cereale*）、洋葱（*Allium*）玉米（*Zea mays*）和蚕豆（*Vicia faba*）等的种子或根尖，以及其有丝分裂制片若干张。

三、实验用品

1. 仪器：光学显微镜、1/1 000 天平、温箱、水浴锅、小镊子、解剖针、刀片、纱布、吸水纸、盖片、载片、培养皿、量筒、烧杯、玻璃棒、酒精灯。

2. 试剂：无水酒精、95% 酒精、秋水仙碱、冰醋酸、浓盐酸（比重 1.19）、醛、铁明矾、果胶酶、纤维素酶、醋酸洋红、二甲苯、正丁醇、加拿大树胶。

四、实验方法

1. 材料准备

选取蚕豆（或玉米）种子，在 40~50℃ 的热水中催芽 12~24h，然后，将萌动的种子放于铺有吸水纸的培养皿或放有 3~5cm 厚锯末或沙子的搪瓷盆中，置于 25~28℃ 的温箱内发芽，待根长到 1~2cm 时取出洗净，将水吸干备用。

2. 预处理

为了便于对有丝分裂的染色体观察和计数，在固定前利用理化因素（药物或温度）处理材料，从而改变胞质的粘度，抑制或破坏纺锤丝的形成，达到促使染色体缩短和分散及积累中期分裂相的目的，一般原则是在分裂高峰前处理 1.5h 以上，常用的处理方法如下。

（1）秋水仙碱水溶液：常用浓度为 0.05%~0.2%，室温下处理 2~4h，对抑制纺锤体活动的效果明显，易于获得较多的分裂中期分裂相，并使染色体收缩较直，有利于对染色体结构的研究。

（2）对二氯苯饱和水溶液：室温下处理 3~5h，对阻止纺锤体活动和缩短染色体效果也好，对染色体小而多的植物中，计数染色体制片效果最好。

（3）8 - 羟基喹啉水溶液：有效浓度在 0.002 ~ 0.004M 之间，一般认为它将引起细胞粘滞度的改变，进而导致纺锤体活动受阻，通常处理 3 ~ 4h，可使中期染色体在赤道面上保持其相应的排列位置，另一优点是处理后的缢痕区较为清晰。一般认为，对中等或长染色体比较适用。

（4）低温处理：将材料浸入蒸馏水内，置于 1 ~ 4℃ 或 6 ~ 8℃ 的冰箱内，20 ~ 24h，对某些禾本科植物效果良好。

植物细胞有丝分裂周期，常因植物种类和培养条件不同，因此在预处理和随后固定的时间上，最好掌握在细胞分裂高峰稍前，且大多数细胞在分裂中期为宜，据前人经验总结如下。

植物名称	染色体数（2n）	处理因素	处理时间	温度
小麦	42	0.2% 秋水仙碱水溶液	9:00 ~ 11:30	25℃
		对二氯苯饱和水溶液	10:00 ~ 14:00	室温
		1 ~ 4℃ 冰箱	20 ~ 24h	1 ~ 4℃
玉米	20	对二氯苯饱和水溶液	9:00 ~ 14:00	室温
蚕豆	12	0.05% ~ 0.1% 秋水仙碱溶液	14:30 ~ 17:30	室温
洋葱	16	0.05% ~ 0.1% 秋水仙碱溶液	7:30 ~ 11:30	8℃
茄子	24	0.002M 8 - 羟基喹啉	9:00 ~ 13:00	15℃
大麦	14	0.05% ~ 0.1% 秋水仙碱溶液	8:00 ~ 11:00	25℃

3. 固定

借助于物理方法或化学药剂的作用，迅速透入组织并将细胞杀死，并且使其结构和内含物如蛋白质、脂肪、糖类以及核物质与细胞器等，在形态结构上尽可能保持生活时的完整和真实状态，同时更易于染色，可以较清楚的显现活体细胞不易看到的结构。

将处理好的材料，切取根端 0.5 ~ 1cm，用水冲洗，投入卡诺氏固体液中固定 2 ~ 24h，用 95% 的酒精洗两次，转入 70% 的酒精中保存，经过长期保存的材料，进行观察前可再固定一次，效果较好。

4. 水解分离

其作用是除去未固定下来的蛋白质，同时使细胞间层的果胶类物质解体，细胞分散便于制片观察。解离所需时间长短，依材料和解离液的成分而不同。

（1）酸解：用 1NHCL 在 60℃ 恒温下处理 6 ~ 20min，或用盐酸（1N） - 酒精（1：

1），在室温下处理 8 ~ 20min。

（2）酶解：用 0.5% 的果胶酶和 0.5% 的纤维素酶的等量混合液，在 25℃ 下处理 2 ~ 3h，在 37℃ 恒温箱内只需 0.5 ~ 1h，较难压的材料可先以 1NHCL 处理几分钟，经水洗后再移入 1% 的两酶混合液中处理。

经水解的材料可在卡诺氏固定液中软化（腐蚀胞壁）约 5min。然后吸干并水洗 3 ~ 5 次，除酸以利染色，适度的水解分离使材料呈白色微透明，状似粘糊，以解剖针能挑起并能轻轻压碎为好。

5. 染色、压片

（1）醋酸洋红、醋酸地衣红、醋酸大丽紫染色法：处理过的材料，即根尖白色糊状组织表于面皿中，加几滴 0.5% 醋酸洋红染色 0.5 ~ 1h，然后转移根尖至载片上，纵横分成 2 ~ 4 块，分置几张载片上，滴 1 滴 45% 的醋酸后盖好，复以吸水纸压片，先用铅笔的橡皮头轻敲几下，再用拇指适当用力下压，注意不可使盖片移动，压好片子随即镜检，或者取处理好的根尖分置于 2 ~ 4 个载片上，各加 1 ~ 2 滴醋酸洋红，静置 10 ~ 15min 烤片，在酒精灯上往复 3 ~ 5 次，以载片出现水汽又刚好消失为度，随即拨碎根尖，加盖片，复以吸水纸，压片镜检。

醋酸地衣红同上法，而醋酸大丽紫则是在滴加染色 1min 后进行水洗分色，即滴水 – 吸干 2 ~ 3 次，然后滴水压片。

（2）醋酸 – 铁矾 – 苏木精染色法：苏木精染色深，图像清晰，相对分明，对制固定片及显微摄影均较为适宜。苏木精染色方法很多，常用的即是醋酸—铁矾—苏木精染色法。

取解离后的材料透入 A 液中，加入 B 液搅拌并停留 10min，然后放在卡诺氏固定液中硬化 10 ~ 20min，进行材料的分割放置于 2 ~ 4 张载片上，各滴放醋酸铁矾苏木精染色 1min，随即复纸压片，最后镜检，如果染色太深，可以 45% 醋酸褪色。随时镜检，直到染色适度为止。

6. 镜检观察

先用低倍镜（15X10）找到有丝分裂相，按材料分布范围扭动载物台移动尺，上下左右顺序观察，发现合适的分裂相，将该细胞至视野正中，换高倍镜观察，此时可调节光栏和聚光器，使光线明暗合适，对比度良好，镜检中注意将各期染色体形态变化联系起来，使对有丝分裂全过程，形成一个完整的概念，发现典型的染色体形态的各期细胞，应作上标记，以便重复观察，计数染色体数目及显微照相。

7. 永久制片

（1）酒精—正丁醇脱水制片法：（见实验二）

（2）冷冻封片法：把染色理想且时期典型的临时片放在干冰（固体 CO2）或冰冻致冷器上冷冻至材料结冰。立即用刀片将盖片掀开，并将盖片和载片同时放入 30℃的恒温箱中干燥，然后再二甲苯中浸泡 10～20min，用中性树胶封片。此法较为简单，尤其适合于某些材料易于脱落的制片，也是地衣红染色唯一可用的方法（因地衣红溶于酒精）。

五、作业

（1）每人做两张良好的有丝分裂中期永久制片并绘图。

（2）思考题：减数分裂与有丝分裂有什么区别？

药品配制：

1. 0.1% 秋水仙碱溶液

取 0.1g 秋水仙碱溶于 100ml 蒸馏水中，如果室温较低，可微热以加速溶解。或者，将原装 1g 秋水仙碱以少量 95% 酒精作溶媒，将其溶解后加蒸馏水定容至 100ml 即成 1% 的母液，存于棕色瓶中，放入冰箱保存。工作时，取一定量的母液稀释到所需的浓度。

2. 果胶酶与纤维素酶混合液

混合浓度	1%	2.5%
果胶酶	1g	2.5g
纤维素酶	1g	2.5g
蒸馏水	100ml	100ml

3. 1N 盐酸

浓盐酸（比重1.19）	82.5ml
蒸馏水	917.5ml

4. 醋酸大丽紫

取 30ml 冰醋酸加入 70ml 蒸馏水中，加热至沸腾，加入 0.75g 大丽紫搅动，冷却过滤，储藏与棕色瓶中。

5. 醋酸—铁矾—苏木精

A 液：苏木精	1g
50% 醋酸或丙酸	100ml

      B 液：铁明矾   0.5g

          50% 醋酸或丙酸   100ml

    以上两液可长期保存，用前等量混合，每 10ml 混合液中加入 4g 水合三氯乙醛，充分溶解摇匀，存放一天后试用，此液只能存放一个月，两周内效果最好，故不宜多配。

    6. 卡诺氏固定液、醋酸洋红、脱水透明封片剂配制方法见实验二

实验五　果蝇唾腺染色体的观察

果蝇体型小，饲养容易，生活史短，在25℃时经12天就可以完成一个世代，进而繁殖第二代，果蝇生活力强，繁殖系数大，每个受精的雌果蝇可产卵400～500粒，由此可在较短的时间内得到大量的后代个体，便于遗传学研究利用，此外果蝇还具有染色体数目少，个体大，并有体细胞染色体配对的特性，以及突变型多等优点，使之成为细胞遗传学很好的实验材料，而沿用至今。果蝇现已发现并在染色体上基因定位了五十多种突变型，绝大多数是形态突变，便于观察、区分、研究与分析。至于果蝇的染色体数，仅有4对，其中，3对为常染色体，一对为性染色体、值得我们注意的是，在果蝇的唾液腺中，体细胞染色体虽说也是成对的，其中一条来自父本、一条来自母本。

不同于一般的高等生物的体细胞染色体、同源染色体独立的存在于细胞核中，即使进行有丝分裂，果蝇和一些双翅目昆虫的幼虫唾腺染色体，其配对染色体则一直处于相互吸引的状态，并且成对的排列在一起，果蝇唾腺染色体要比其一般正常的体细胞染色体粗1～2 000倍，长1～200倍。这种染色体的巨大性、不仅仅取决于体细胞染色体的配对特性，更重要的是唾液腺细胞的分裂特性所决定的。果蝇等双翅目昆虫的腺体（包括唾液腺）是通过个体细胞的扩大而不是重复生长的。我们知道，染色体是由一条至数条染色线组成的，所以果蝇的幼虫的在发育过程中染色体丝多次进行自我复制，形成染色体束，他们并不经细胞分裂而分开到自细胞中去，最终导致了多次重复的染色体丝，都存在于统一细胞中的一个巨型染色体之中。我们利用染色体的巨大性和细胞染色体联会和连续状态，便可对染色体的缺失、重复、倒位或易位等遗传问题进行研究，并鉴定出他们在染色体上的位置。

一、实验目的

学习剖取果蝇 3 龄幼虫的唾腺，压制唾腺染色体玻片标本的方法，同时，根据唾腺染色体上的带纹的形态和排列识别不同的染色体，也是进一步研究和鉴别果蝇染色体结构变异的有用方法之一。

二、实验材料

普通果蝇（*Drosophila melanogaster*）中野生型或任何突变型的 3 龄幼虫活体。

三、实验用品

1. 仪器：双筒解剖镜、显微镜、解剖针、载片及盖片、酒精灯、铅笔。
2. 试剂：1% 醋酸洋红、生理盐水（0.7% NaCl）。

四、实验方法

幼虫的培养：对用来观察唾腺的果蝇幼虫，要给与较好的培养条件，培养瓶内幼虫不应过多，最好每隔两天将羽化的新蝇移出一次，以免在瓶内产生过多的卵。此外，应放在较低的温度下培养（16～18℃较好），长成的幼虫亦较大，唾腺应取自充分发育的 3 龄幼虫，其在化蛹前常爬到培养基外，或附在瓶壁上，可及时选用。

唾腺的剖取：选取发育良好的 3 龄幼虫，放在有一滴生理盐水的载片上：两手各持一支解剖针，用一支压在虫体中部稍后处，使不移动，另一支针按在头部黑点处（口器）稍后，轻缓地向前移动，便可将头部扯开，唾腺也随之拉出，这时可以看到一对透明而微白的长型小囊，即唾腺，在腺体的前端各延伸出一条细管，并向前汇合为一，形成一个三叉形的唾腺管伸入口腔，果蝇的唾腺是由单层细胞构成的，在解剖镜下，有时隐约可见其细胞界限，唾腺的侧面常带有少量沫状脂肪体，可用针剖净后进行染色。如果唾腺被拉断或未被拉出，可用解剖针在虫体前 1/3 处轻轻向前挤压出来。注：以上操作在解剖镜下进行。

染色压片：将唾腺放在载片上，吸净生理盐水，滴加醋酸洋红染色 15min 以上，注意在剖取和染色过程中切勿使腺体干燥。取一条已染色的腺体部分，放到载片上，加 1 滴醋酸洋红后盖片，或在酒精灯上稍微加热，附以一条吸水纸，用铅笔头或解剖针柄轻敲 2～3 下，然后以拇指适当用力压片，要求将唾腺细胞核压破、染色体伸展开来且不破碎为好，可多压几次以体会用力大小。

观察并绘图：压好的玻片标本，先进行低倍镜镜检（15×10），找到材料区域及比较典型的细胞，再换以高倍镜观察，可以看到在成对染色体中，第一对染色体（X～）组成一个长条、第二和第三对各自组成了具有左右两臂的染色体对，他们都已中部的着丝点区聚集，而第四对染色体很小，分布在着丝点区呈点状或盘状。这样，压好的较为模式的片子中便可看到五条弯曲展开的染色体臂（X、IIL、IIR、IIIL、IIIR）和一个点状的第四染色体对，它们在着丝点区构成染色体中心并向四周伸开，注意观察染色体上的横纹的形态，按观察到的情况绘图。

五、作业

绘出实际观察图像，包括各臂末端的 5～10 条带纹，并据以注明是第几条染色体和臂的左右。

实验六　分离、独立分配及基因互作

在育种实践中，经常遇到杂交后代的分离现象。杂交子一代（F1），遗传性状稳定，表现比较一致，但到子二代（F2），遗传性状就发生了明显的分离。若从一个作物群体来看，个体植株的高矮、穗子大小、芒的有无、籽粒的色泽、成熟期的早晚、抗逆性的强弱等都表现出很大的差异，这就是分离现象。分离规律就是针对分离现象，研究被一对基因控制的遗传表现。据此，我们可以预见杂交后代的类型和比例，从中选育优良品种，为生产服务。

分离规律是指，一对相对性状的遗传，在显性完全时，杂种子一代表现一致的显性性状，杂种 F1 自交将产生显性性状 3/4 与隐形形状 1/4 表现型比例的后代。其实质是：位于一对同源染色体上，控制一对相对形状的等位基因，在减数分裂形成配子时，必然随着同源染色体的分离而进入不同的配子，雌雄配子随机组合，因而合子将有 3 种基因型和两种表现型，此时比例分别是 1∶2∶1 和 3∶1。

我们应用杂交方法育种时，常常是将两个品种各自具有的优良性状结合起来，培育出具有双亲优点的品种，这就需要探讨两对或两对以上相对性状的遗传规律。

独立分配规律就是解决两对或两对以上，位于非同源染色体上的非等位基因的遗传问题。对于两对相对性状的遗传，在显性完全，且不存在连锁和基因互作时，杂种子二代产生四种表现型（包括两种亲本组合和两种重组类型），比例为 9∶3∶3∶1，其实质是：位于非同源染色体上的非等位基因，在减数分裂形成配子时，将在等位基因分离的基础上，各自独立互不干扰地，以同等的机会在配子内自由组合，形成各种可能组合的配子。所以对于具有两对基因差异的杂合子 $AaBb$，将产生 4 种数目相等的配子 AB、Ab、aB、ab，在显性完全时，雌雄配子随机组合，必将产生 9 种基因型，可归纳为 4 种表现型，其比例为 9∶3∶3∶1。

分离规律和独立分配规律说明了，同源染色体上的等位基因在遗传时必然分离，非同源染色体上的基因在遗传时，将在等位基因分离的基础上，互不干扰地自由组合，从而导致了杂种子二代在性状上的分离和重组。然而，这并不意味着他们在控制性状的表现上也是彼此独立没有联系的。生物的某些性状是被一对基因决定的，但大多数性状都是由两对或两对以上基因所决定的，这些非等位基因在控制某一性状上表现各种形式的相互作用，即所谓基因互作。例如，生物中有些性状涉及及两对独立遗传的基因，F_2 的分离比例就不是 $9:3:3:1$，而是 $9:3:3:1$ 的变形。这就表明非同源染色体其上的基因之间，照例进行了独立分配，只是由于基因的数目和互作方式的不同，使杂种后代表现型的种类及其分离比例发生了种种变化而已，而基因型的种类和比例将仍为独立分配的结果，并无丝毫改变。所以说任何表现型都取决于一切基因的相互作用和相互调节。更准确地说，任何表现型均取决于整个生物体各部分的相互联系和相互作用，都取决于有机体跟生活条件的相互联系及相互作用。

一、实验目的

通过对玉米籽粒的统计分析，验证分离和独立分配规律，加深对其实质的理解，进而了解几种互作类型的基因表现。学会应用所学到的理论去解释和解决生产实际问题。

二、实验材料

各种玉米（*Zea mays*）果穗及示范标本。

三、实验说明

1. 玉米做为遗传学材料的特点

玉米的可贵在于它是生产上和利用上都具有很大潜力的作物，同时还是进行基础生物科学研究的有效工具。

玉米是单性花雌雄同株的异花授粉作物，具有明显的遗传变异性，便于人工控制授粉和其它试验操作，杂交技术简便。

玉米果穗很大，籽粒多，性状显著，每一个果穗都可以作为单一的单位进行标记、检验和储藏。特别是玉米的胚乳（3n）包括糊粉层和淀粉层，具有花粉直感现象，即是胚乳形状在双受精的基础上，由父本和母本的遗传基础共同决定的，并在杂交当代表现出父本显性基因所决定的性状。这样就相对提前了性状的表现，有利于遗传学研究并节省了时间。至于大多数籽粒形状（胚乳或糊粉形状）的分离都可以一目了然地辨别，则都是以玉米籽粒外层母本组织—果皮的透明性为前提条件的。这就为我们对性状的观察，特别是籽粒性状的观察及统计分析提供了极大的方便。

玉米是二倍体物种，染色体数目少（$2n = 20$），个体大，是一个突出的细胞学和遗传学的工具，因而给细胞遗传学的研究提供了理想的园地。

玉米的基因数目很多，突变类型也很多。放宽地说已经鉴别了有 $600 \sim 1\,000$ 或更多个位点属于单基因遗传的变异，现在有大约 350 个位点已经确切的肯定下来，即在染色体上定位。另外，玉米的生化基因也很多，单倍体、多倍体变种容易得到，这对我们进一步研究遗传规律，推动遗传学的发展，无疑又是一很有利的条件。

2. 玉米籽粒性状基因及其表现

玉米中，甜玉米和非甜玉米表现为一对基因 Su – su 的差别。干熟的甜籽粒（即 Su 籽粒）具有一种玻璃状的、树胶状的外貌，具有一种皱缩不规则的，极易辨认的特征性状。成熟的胚乳在干化之前是膨胀的和凝聚的。相对应的非甜籽粒（即 Su）则具有一种不透明的、饱满的特征性状。这对基因表现出完全显性，位于玉米的第四条染色体上。

玉米第六染色体上的 Y—y 基因，决定胚乳内类胡萝卜素的有无，从而表现胚乳黄色或白色，Y 对于 y 也是显性完全的。

玉米糊粉层色素的形成，涉及 4 个基础基因，即位于第三染色体上的 A1，第五染色体上的 A2，第九染色体上的 C 和第十染色体上的 R。在这四个位点上都存在显性基因的情况下，糊粉层表现为有色。另外，在第五染色体上的 Pr 位点上如果为显性时，糊粉层表现出紫色，如果为隐性 pr 时，则表现为红色。但无论此位点是显性还是隐性基因，只要 A1、A2、C、R 中的任一点为隐性基因纯合时，糊粉层将都表现无色。此外，在 C 位点上，存在着若干个复等位基因，如 C、c 与 C1 是显性抑制基因，具有阻碍表现其正常功能的作用，因此，使具有 C1、C1 、C1C 或 C1、C 基因型的籽粒的糊粉层表现无色。

注：A2 和 Pr 在第五染色体上的位置。

A_2：5 – 15；Pr：5 – 46

3. 理论期望与实际数据

理论期望是指按遗传学基本定律的理论比例计算出的预期结果。实际数据则是实验中直接观测、称量和计数的结果。

在遗传试验中，由于种种生物因素、环境因素以及一些人为所不能控制的因素的干扰，而使实际数据偏离预期结果而产生的误差，总是难免的。一般来说，如果对实验条件严加控制而且群体愈大，实际数据会愈接近理论期望，即误差减小。

随机误差的产生是不可避免的，从生物体本身来讲是由于：配子的发育及其结合的随机性，即具有某一基因型的配子能否发育、能否与其它基因型的配子充分结合，都是完全随机的；精卵结合的不彻底性，即生物产生的数量极大的精子中，只有极少的一部分与卵子结合了。另外，卵子也仅仅是由四分子中的一个发育而成的。其他三个均消亡，从而造成卵细胞基因型的不均衡；合子发育的不平衡性，即是说，不是所有基因型的合子均具有同等的生活力和发育程度，并能产生种子。从环境因素来讲，气候的变化，温度的差异，土壤肥力的不同，雨量或干旱等情况也会产生随机误差。此外，人为因素，如控制授粉不严，材料保管不善，以及人为的测量误差，也将产生一定的误差。这些虽说可以在严格的实验条件及较大的群体下逐渐减小，但将永远存在。而这些误差则不是实验本身或本质上的问题，而是随机误差造成的，其是不能避免的，也可以说是可以理解的。然而，如何确定实验误差（即实际数据与理论期望的差异）是由实验本身问题产生的，还是由随机误差造成的呢？这就要用生物统计的方法来判断和确定了。

4. X^2 测验（卡方测验）

X^2 测验即适合性测定，是测验实际分离比例是否与预期理论值相符，或者说是验证实际所得数据是否符合（或适合）理论推算的统计分析方法。

公式：$X^2 = \sum (O - E)2/E$　　O—实际观测值　　E—理论值　　∑求和符号

由 X^2 公式可以看出，实际数值与理论数值越接近，则 X^2 值越小；实得数值与理论数值相差越大，则 X^2 值越大。因此，X^2 的大小就反映了符合程度的大小，统计学者根据这个道理制定出了 X^2 值表，下表中列出了各种符合程度概率（P）的 X^2 值。

在求得 X^2 值后，根据自由度 df，查 X^2 值表找出符合的概率（P）的范围。再根据 P 值决定实际数值是否符合理论数值。P 值的显著标准为 5%，P > 5% 时，则差异不显著，即符合；P≤5% 时，则差异显著，即不符合。

自由度 df 就是可以自由选择的变数个数。在遗传实验中，自由度 df = 表现类型数 −1。

X^2 表

df \ P	0.99	0.95	0.70	0.50	0.30	0.05	0.01
1	0.00016	0.00393	0.148	0.455	1.074	3.841	6.635
2	0.0201	0.103	0.713	1.386	2.408	5.911	9.210
3	0.115	0.352	1.424	2.366	3.66	7.815	11.341
4	0.297	0.711	2.195	3.357	4.878	9.488	13.277
5	0.554	1.145	3.000	4.351	6.064	11.070	15.086
6	0.872	1.635	3.828	5.384	7.231	12.592	16.812
7	1.239	2.167	4.671	6.346	8.383	14.067	18.475
8	1.646	2.733	5.527	7.344	9.524	15.507	20.090
9	2.088	3.325	6.393	8.343	10.656	16.919	21.666
10	2.558	3.940	7.267	9.342	11.781	18.307	23.309

四、实验方法

观测计数和记录。

1. 分离规律

测定甜玉米（$susu$） x 非甜玉米（$SuSu$）的 F_1 植株的自交果穗，非甜籽粒与甜籽粒的实际数值。

2. 独立分配规律

观测 YySusu 基因型玉米自交果穗的分离情况计数黄色饱满、黄色皱缩、白色饱满和白色皱缩的实际数据。

3. 互补作用

两对独立遗传基因在纯合显性或杂和状态时，共同决定一种性状的发育，当只有一对基因是显性或两对基因隐性纯合时，则表现出另一种性状。F2 分离比例为 9：7。

观测玉米 a1a1A2A2CCRR X A1A1A2A2ccRR 的 F1 植株的自交果穗籽粒糊粉层颜色的分离情况，计数有色与无色的实际数据。

4. 隐性上位

一对基因中的隐性基因对另一对基因起阻碍性状表现的作用时，就称为隐性上位。对于两对独立遗传的基因，F2 表现处 9：3：4 的分离比例。

观测玉米 A1A1A2A2CCRRPrPr X A1A1A2A2ccRRPrPr F1 植株自交果穗籽粒糊粉层色

素的分离表现，细致地分别计数紫色、红色和白色的籽粒数目，为进一步统计分析提供的资料。

5. 填表计算

玉米　F_2代籽粒性状统计分析表

穗号	表现型				Σ
	I	II	III	IV	n
1					
2					
3					
4					
5					
观察值（O）　6					
7					
8					
9					
10					
Σ					
理论值（C）					
偏差 d = O ~ C					
方差 d^2 =（O ~ C）^{2}					
方差/理论数 d_2/C					X^2
自由度 df 和概率 P　　df = n − 1		P =			
结论					

6. 分析并解释所得结果

五、作业

1. 推导实验所涉及的玉米杂交组合的后代（F1、F2）的基因型和表现型，并注明亲本表现型和分离比。

2. 将分离、独立分配、互补、隐性上位的观测结果，加以汇总，统计分析，交表。

3. 思考题：玉米杂交组合 A1A1A2A2CCRRPrPr × A1A1 a2a2CCRRPrPr 后代 F1 和 F2 的基因型与表现型是什么？其分离比又是多少？符合什么互作类型？

实验七　基因连锁交换与基因定位

染色体是基因的载体，位于非同源染色体上的基因表现独立遗传，符合独立分配定律，但是，生物的染色体数目是有限的，而基因数目却很多。因此，每条染色体上必然带有许多基因，这些位于同源染色体上的基因，将不能进行独立分配，而必然随着染色体行动而共同传递到子代中去，这就是所谓的完全连锁遗传。即基因连锁的一种遗传表现。这种位于一条同源染色体上的若干个非等位基因完全连锁在生物界是罕见的。典型的例子是雄果蝇和雌家蚕。生物连锁基因最普遍的遗传方式是：其在保持原有的组合状态随所在染色体一道遗传的同时，也可能随着姊妹染色单体的片段交换而发生连锁基因的交换，结果产生各种可能组合的配子，但总是亲型配子（原来连锁基的组合）较多，重组配子（连锁基因交换组合）较少，从而使后代中，两亲组合表现性状的个体比例大于独立分配的预期值，而新组合性状表现的个体则少于独立分配的预期值。这就是所谓不完全连锁遗传，即一般连锁遗传的表现。

交换值即重组率，是指重新组合的配子占总配子数的百分数。交换值的计算公式：

交换率（%）＝重组型配子数/总配子数＝（测交后代重组型个体数/测交后代总个体数）×100

连锁基因在染色体上的相距越近，交换机会越小，交换率也越低，反之越高。这表明基因的连锁强度随交换值的增大而变小。经测定，特定连锁基因间的交换值是相当恒定的，因此交换值的大小可以作为衡量基因距离的尺度，将1%的交换率作为一个遗传距离单位。据此便可以确定不同连锁基因在染色体上的相对位置。

基因在生物染色体上的位置是相对恒定的，人们依据基因的性状表现，以及交换值（即基因间距）的大小来确定基因所在的染色体及其在染色体上的位置和排列次序的工作过程，叫做基因定位。经典遗传学因定位的方法是作两点测验或三点测验。两点测验是最基本的方法，它是以二对基因为基本单位来计算重组率，以求得基因间距离而定位基因的，每次取两对形状研究。包括一次杂交，一次测交（也可自交），测算有关两种基因间的交换值。通过三次两点测验就可以确定 3 对连锁基因的排列顺序及其相对位置与距离。但是基因间距较远时不够精确。三点测验是基因定位常用的方法，取 3 对性状同时研究，只进行一次杂交或一次测交，同时测定有关 3 对基因间的交换值，便能同时确定他们染色体上的位置和次序。此法简便准确，能够测出很少发生的双交换，因此能较精确的定位基因。

连锁基因间的交换是生物变异的来源之一，连锁与交换的试验结果提供了基因存在与染色体上的证据，论证了基因在染色体上的线性排列。基因定位所得的、表明基因位置以及相互交换值的连锁图，为遗传工程研究、生物遗传育种提供了最基本的资料。

一、实验目的

通过玉米（*Zea mays*）3 对连锁遗传的相对性状杂交实验，验证基因的连锁与交换原则，并掌握基因定位的基本方法。

二、实验材料

玉米紫色糊粉层、饱满、非糯性籽粒自交系与褐色糊粉层、凹陷、糯性籽粒自交系的杂种 F1 与褐色、凹陷、糯性亲本测交的果穗。

已知玉米糊粉层色泽（紫色与褐色）籽粒性状（饱满与凹陷）胚乳质地（非糯性与糯性）的基因都位于第九染色体上，此染色体短臂上几个主要基因的位置如下图

Dt	c	sh	bz	WX	~ ○—————————
0	26	29	31	59	

三、实验方法

1. 观察计数

针对籽粒的紫色与褐色、饱满与凹陷、非糯性与糯性 3 对性状，同时进行观测，杂种 F1、果穗上的籽粒全为紫色、饱满、非糯，测交果穗中，应有 8 种不同的籽粒表现类型，仔细观察鉴定，准确无误的进行计数，将结果计入下表。

测交后代表现类型	F$_1$配子基因型	交换类别	粒数	交换率
饱满、紫色、非糯 凹陷、褐色、糯性		无交换		
饱满、褐色、糯性 凹陷、紫色、非糯		单交Ⅰ		
饱满、紫色、糯性 凹陷、褐色、非糯		单交Ⅱ		
饱满、褐色、非糯 凹陷、紫色、糯性		双交换		
合计				

2. 分析计算

（1）确定3种性状基因的关系：全部独立遗传，或一个独立两个连锁，或3个基因都连锁。

（2）已确定各种交换类型：测交后代中数量最少的类型为双交换型，最多的为无交换型，中间的为单交换型。

（3）确定3种基因的排列顺序：在双交换后代中，有两个性状出现了还原为亲本的组合类型，则第三个改变了原有组合性状的基因必在当中。例如，在双交换后代中，出现了饱满与非糯性籽粒，与一个亲本性状组合相同，又出现了凹陷，糯性籽粒，与另一个亲本性状组合相同，则紫色与褐色这对基因必在当中。

（4）计算交换值：

交换值Ⅰ = （单交换Ⅰ粒数 + 双交换粒数）/总粒数 ×100%

交换值Ⅱ = （单交换Ⅱ粒数 + 双交换粒数）/总粒数 ×100%

3. 绘制基因连锁图

按基因排列顺序，以1%交换率作为1个遗传距离单位，依此比例绘图。

四、作业

每人观测两个果穗，综合全班结果，求交换率，进行基因定位。交观测记载表，并附基因连锁图。

实验八　染色体结构变异的观察

染色体作为生物遗传物质的细胞学基础，具有各种生物所特定的染色体形态结构和数目，而正是由于染色体数目和形态结构的相对稳定性，才决定了生物形状的遗传表现、个体发育及世代的繁衍，然而染色体的结构和数量的变化又常常影响各种生物性状的遗传，进而产生变异，由此对生物物种的演变和进化产生积极的作用。

染色体结构变异是指由于生物体内外，物理的、化学的、生物的原因造成的染色体原有结构的改变。其一般都是同源或非同源染色体之间断裂后错接的结果，根据断裂的数目、位置、断裂端愈合的情况不同，所以产生各种染色体结构变异，主要有缺失、重复、倒位和易位4种，各种结构变异的杂合体，在减数分裂过程中，常表现出不同的细胞学行为，故可以鉴别。如缺失或重复的杂合体，在粗线期形成缺失或重复圈，杂倒位体在粗线期形成倒位圈，如果是臂内倒位在后期Ⅰ会出现染色体桥和片段，杂易位体在粗线期形成十字联会，终变期出现由全部易位染色体与其正常染色体联合构成的大环或链，到中期Ⅰ排列成张开式的环或∞形环，染色体发生结构变异后，严重的造成个体死亡，一般导致花粉和胚珠的半不孕或部分不孕，产生性状变异，如假显性现象，剂量效应，位置效应及改变基因的连锁关系等。因此，使细胞学观察和遗传学实验结果得以相互印证。此外，染色体结构变异也是物种分化的形式之一。

一、实验目的

观察一些动植物细胞的染色体，鉴别染色体各种结构变异及其在减数分裂中的表型特征，了解其遗传上的意义，验证染色体遗传学说。

二、实验材料

1. 玉米（*Zea mays*）、蚕豆（*Vicia faba*）和果蝇（*Drosophila melanogaster*）等染色体结构变异的永久制片。

2. 玉米（*Zea mays*）易位、倒位杂合体的花粉粒。

三、实验用品

1. 仪器：光学显微镜、载片、盖片、培养皿。

2. 试剂：金属碘、碘化钾、镊子、解剖针、纱布、吸水纸。

四、实验方法

1. 缺失

观察玉米第五染色体杂缺失的粗线期，注意，其中一个正常染色体和一个缺失染色体相配对时形成的缺失圈，此为中间缺失；若两个染色体成员末端的长度不等，则为顶端缺失。

2. 重复

观察野生果蝇与棒眼果蝇杂交 F1；雌性幼虫的唾液腺染色体，注意在 X 染色体近端部位重复圈的存在，其斑纹与正常部分是否相同。

3. 倒位

（1）臂内倒位：杂倒位体在粗线期因发生交换的结果、形成了一个具有双着丝点和一个无着丝点的染色体、至后期I时，双着丝点染色体受到两极纺锤丝等同牵引的作用，使形成了染色体"桥"和不具着丝点的染色体"断片"，后者往往落后与原来赤道板附近。

（2）臂间倒位：观察玉米第九染色体臂倒位的粗线期表形，注意其着丝点的部位，判断倒位染色体间的联会关系。

4. 易位

（1）粗线期：观察玉米第八和第九染色体相互易位（T8—9）在粗线期形成的十字联会，注意两个染色体的"来龙去脉"。

（2）终变期：观察玉米中的不同易位。

（3）由两对染色体相互易位所成的粗线期十字联会的易位杂合体，由于染色体的互换，缩短和交叉移端，到终变期呈现由有关 4 条染色体构成的圆环，而其他 8 对染色体则成二价体（O4＋8II）。

（4）由两个独立的相互易位能形成的 2O4＋6II，注意其中的一个圆环和核仁相联系，这是什么原因？

（5）3 对染色体易位形成了一个由 6 条染色体组成的大环和另外 7 个二价体（O6＋7II），试说明这是如何形成的？

（6）中期：有关易位的染色体到中期 I 时，所以产生环状和倒 8 字形两种排列方式，分别加以观察。

（7）四分孢子：观察涉及第六染色体的杂易位体能形成的四分孢子，由于邻近式分离的结果，带有两个核仁组织者的染色体有可能进入一极，而不带核仁组织者的染色体进入另一极，因此产生了四分孢子，两个具有双核仁，两个具有分散核仁物质而没有集中核仁。

（8）检查玉米易位体（T8—9）与杂倒位（In—9）花粉育性。

（9）取浸制的雄穗、用解剖针取出一二个花粉置玻片上，滴上 I－KI 溶液，压出花粉粒，剔除药臂残渣，盖上玻片，置低倍镜下观察，花粉粒近似圆形，饱满，内容物充实染成蓝黑的为可育者，而形状不规则，皱瘪，缺少内容物，呈棕黄色的为不育花粉粒。对杂易位与杂倒位株花粉粒各检查 100 粒，综合全班结果，计于下表。

	杂易位 T8—9	杂倒位 In—9
合计粒数		
蓝黑色		
棕黄色		
花粉败育率		

五、作业

1. 绘下列各图：（1）杂缺失，（2）杂倒位粗线期及后期 I 染色体"桥"及"断片"，（3）杂易位（粗线期），（4）O4＋8II，（5）杂易位中期 I。

2. 交玉米杂易位与杂倒位株的花粉粒检查结果表，联系细胞学观察，说明杂易位体的半不育及杂倒位体的部分不育的原因。

实验九　染色体数量和变异的观察

染色体的数量变异可分为非整倍体变异和整倍体变异。以体细胞中二元染色体数（2n）为基础，增减了个别染色体，就是非整倍体变异，如单体 2n−1，缺体 2n−2，三体 2n+1、双三体 2n+1+1、四体 2n+2 等；以染色体组或组内染色体基数（X）为基础，成倍的增减，这是整倍体变异，如一倍体 X、二倍体 2X、三倍体 3X 等。三倍体以上的生物体，统称为多倍体。

非整倍体在减数分裂中，染色体的配对分离不正常。如单倍体在终变期及中期Ⅰ，除正常配对的二倍体外，可见个别的单倍体，遗弃于赤道面之外，到末期Ⅰ，当正常的配对同源染色体的两个成员分向两极时，这个单价体常呈落后状态。这种游离的单价体，有时不能融合入子细胞核中，到四分体时期，以小核的形式存在。三体在减数分裂时，因联会松弛，提前解离，除正常的二价体外，可见有个别的三价体 2（n−1）+Ⅲ 或单价体 2n+Ⅰ 存在；在四体中可见四价体 2（n−1）+Ⅳ、三价体及单价体 2（n−1）+Ⅲ、2n+Ⅰ+Ⅰ 及额外二价体 2（n+1）等形式。非整倍体的育性多少有些不正常，常伴有不同程度的不孕性。

在整倍体变异中，多倍体就其染色体来源而言，可分为同源多倍体和异源多倍体。这些多倍体大多数在减数分裂中，出现染色体分配不均现象，造成不同程度的不孕性。如同源四倍体，在前期除联会成四价体，除二价体外，还有少数三价体和单价体存在，后期Ⅰ染色体分配有一部分是不均衡的，远缘杂交种未经染色体加倍的情况下（相当于单倍体），由于染色体不能配对，整个分裂过程紊乱，出现各种不规则的细胞学现象，如末期Ⅱ形成多分孢子等。

一、实验目的

鉴别各种染色体数量变异在减数分裂中的特征，了解其遗传学意义。掌握鉴定单体、三体、及四倍体等的镜检技术。

二、实验材料

玉米（*Zea mays*）、蚕豆（*Vicia faba*）、黑麦（*Secale cereale*）及小麦（*Triticum aestivum*）的各种染色体数量变异固定片。

三、实验用品

光学显微镜。

四、实验方法

1. 单体

玉米单体（9II＋I）在减数分裂中期 I 时，9 个二价体规则的排列于赤道板上，剩下一个单价体位于旁边，至后期 I，可以看到 9 对同源染色体的成员分别趋向两极，而一个单价体落后于赤道板附近。再就小麦单体观察二价体和其单价体的表型。

2. 三体

观察玉米三体粗线期三体联会的情况。染色体在 3 条染色体上是否一致，注意在染色体的任意段上，只有两条同源染色体紧密联会，另一条呈单股存在。再观察终变期及中期 I 的表现，试分别指明二价体和三价体。

3. 三倍体

观察玉米三倍体中期 I，可以看到 10 个三价体排列在赤道板上或者有少数落后的单价体存在（为什么？），它和 2n 玉米中期 I 有何不同？

4. 同源四倍体

（1）玉米：同源四倍体的玉米在减数分裂中由于不同的联会方式，可以同时出现四价体和二价体，在少数细胞中，甚至还会有三价体及单价体的形成。试分别观察同源四倍体的粗线期、双线期、中期Ⅰ等。

（2）观察四倍体的黑麦减数分裂染色体联会情况，并和二倍体黑麦的减数分裂进行比较。

（3）蚕豆：先观察未经加倍的蚕豆根尖细胞中的染色体（2n＝12），然后再看用秋水仙素加倍后的根尖细胞（4n和8n）、在可能的情况下计数二者的染色体数。

5. 异源四倍体

（1）观察小麦（n＝21）x黑麦（n＝7）杂种F1中期Ⅰ染色体的特点，在绝大多数的花粉母细胞中可以看到28个未经配对的单价体（单价染色体）。在末期Ⅱ的制片上常常可以看到除几个主要的较大细胞核外，还有由落后染色体形成的许多分散小核。根据这种现象，你能解释它的花粉和胚珠的高度不孕性吗？

（2）观察加倍后的小黑麦新种的细胞分裂现象。这里每一个染色体都有了相应的成员进行联会，所以减数分裂基本上是正常的，但部分细胞内还有一些不规则行为。

（3）观察加倍后的小黑麦回交的子代减数分裂中期Ⅰ，可看到21对小麦染色体以二价体式整齐地排列于赤道板上，另有7个黑麦的单价体分散于细胞质中，再观察小黑麦与黑麦回交的子代减数分裂中期Ⅰ，与上述相反，只能看到7对黑麦染色体能构成的二价体和21单价体。

五、作业

绘图：（1）玉米单体，（2）玉米三体，（3）小麦X黑麦F1（中期及四分子期）。（4）小黑麦中期Ⅰ（或后期Ⅰ），（5）小黑麦X小麦F1中期Ⅰ，（6）4n玉米中期Ⅰ。

实验十　果蝇的性状观察和两对性状的杂交试验

一、实验目的

首先观察果蝇各种性状，区别成虫的雌雄性别，为果蝇试验作准备，其次通过两对性状的杂交试验结果分析，验证独立分配规律。

二、实验材料

果蝇（*Drosopnila melanogaster*）品系若干个。

三、实验用具

1. 仪器：放大镜、饲养瓶、麻醉瓶、海棉板、白瓷板、解剖针、镊子、毛笔、死果蝇盛留瓶。

2. 试剂：乙醚、果蝇培养基等。

四、实验说明

果蝇居于双翅目（*Dipters*），果蝇属（*genus Drosopbila*），是完全变态的昆虫，它的一生包括卵、幼虫、蛹和成虫4个阶段，各阶段的时间长短是受外界条件（如温度）影响的，详见附录一。果蝇的成虫有许多肉眼就可以明显区别的突变性状，从遗传研究看，就利用这些成虫间性状差异的个体进行交配，繁衍后代后观察分析其遗传动态，现列举几种杂交试验常利用的性状如下：

正常翅：一个长过尾部的透明膜状翅，用"＋"表示，控制该性状的基因位于第Ⅱ染色体。

残翅：又称痕迹翅。膜状翅退化仅留少量的痕迹，不能飞翔。用"vg"表示，是长翅＋的隐性等位基因。

灰体：体色为灰色，用"＋"表示，位于第Ⅲ染色体上。

黑檀体：体色为黑色，用"e"表示，是灰体＋的隐性等位基因。

红眼：果蝇复眼为红色，用"＋"表示，位于第Ⅰ（x）染色体上。

白眼：复眼为白色，用"w"表示，是红眼＋的隐性等位基因。

黄体：果蝇体为黄色，用"y"表示，位于第Ⅰ（x）染色体上。

果蝇杂交试验中的雌果蝇必须为处女蝇，即羽化后12h内未交配的雌蝇。因此，倒掉饲养瓶中所有果蝇后，12h内取得的雌蝇就一定是处女蝇。这就要求能够准确地区别果蝇的雌雄性别。现将雌雄果蝇成虫的主要区别列表如下。

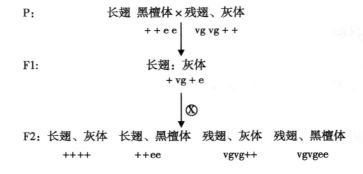

五、实验方法

1. 麻醉：在选取或观察果蝇时，都应使果蝇处于昏迷不动状态，故要对果蝇进行麻醉，常用乙醚进行麻醉，取麻醉瓶（与饲养瓶口径大小相同），在其棉塞上滴几滴乙醚并塞好，将饲养瓶轻轻振动使果蝇全部落在培养基上，然后迅速拔去饲养瓶和麻醉瓶上的棉塞，口对口相吻合，饲养瓶在上，麻醉瓶在下，轻轻将麻醉瓶在海棉块上振动，使饲养瓶中的果蝇掉进麻醉瓶里，然后迅速塞好两只瓶的棉塞子。当观察到麻醉瓶中的果蝇昏迷不动时，就可将果蝇倒在白瓷板上进行性状观察和雌雄的区别。如仅观察统计可延长时间麻醉致死，其翅膀外展45°时说明已死亡。如需继续培养以轻度麻醉呈昏迷状态为宜。

2. 选取长翅、黑檀体处女蝇和残翅、灰体雄蝇 5～6 对（或反交），一起放入事先装有培养基的饲养瓶内。

3. 一周后倒出亲本果蝇，等 F1 羽化后进行观察、记录。

4. 任意选取正交或反交组合的 F1 雌雄果蝇（雌蝇必须处女蝇）7～8 对，放入一个培养瓶中。

5. 一周后倒去 F1 果蝇，待 F2 羽化后 10 天进行观察统计四种表现型的具体数目，或 F2 羽化后，每 2～3 天统计一次，连续统计 7～8 天。

6. 将观察结果填入下表。

基因型　表现型　统计　日期				

六、作业

用 χ^2 检测得出实验结论是否与独立分配的理论数相等？

实验十一　伴性遗传

动物和极少数植物体细胞染色体中，有一对（或一个）直接与雌雄性别有关的染色体，叫做性染色体。其余染色体统称为常染色体，每对常染色体的两个成员，其大小形态都是相似的，或者说是同型的，而性染色体则可能包括大小形态所不同的两个成员。如果普通果蝇共有 4 对染色体，在雌果蝇中有 3 对是常染色体，其中一对很小，粒形；两对较大、叉形；另一对是性染色体，把它叫做 X 染色体，在雄果蝇中有 3 对同雌果蝇相同的常染色体。一对性染色体，一个是棒状的 X 染色体，一个是勾状的叫做 Y 染色体。Y 染色体可能由于组成它的基本微丝经常处于高度螺旋化状态，常见大量染色体很深的异染色质区。实验表明，它上面通常不带或只带极少数的基因，因此在遗传上是惰性的。

控制生物某些性状的基因，如果存在于性染色体上，它们将随着性染色体一道传递到后代中，由于染色体可以决定性别，于是使得后代某些性状的表现与某种性别联系在一起，相伴发生，这就叫做伴性遗传或性连锁遗传。例如，果蝇中控制白眼的基因，是正常红眼野生果蝇的 X 染色体上的红眼基因突变而致的。所以将红眼雌蝇与白眼雄蝇交配，F1 全为红眼，将 F1 近亲交配，F2 中雌蝇全为红眼、雄蝇中红眼与白眼大约各半；将白眼雌蝇与红眼雄蝇交配，F1 雌蝇全为红眼、雄蝇全为白眼，F1 近亲交配，F2 中雌雄蝇红眼与白眼都大约各半。

性连锁遗传的事实，提供了基因存在与染色体上的直接证据，人类有多种遗传疾病如色盲、血友病、视神经衰退、色素干皮症、痉挛性截瘫表皮水泡症、视网膜色素症、痉挛病、兔唇等都是性连锁遗传的。因此性染色体与性别决定的关系以及伴性遗传的研究无论在理论上和实践上都有重大意义。

一、实验目的

通过伴性遗传实验，了解性染色体与性别决定的关系正反交中性连锁遗传行为，加深对伴性遗传和非伴性遗传区别的认识。

二、实验材料

红眼果蝇（*Drosopnila melanogaster*）（＋）与白色果蝇（w）。

三、实验用品

1. 仪器：温箱、灭菌锅、双目解剖镜、天平、饲养瓶（三角瓶或大中型试管），麻醉瓶（小广口瓶），白瓷板、培养皿、镊子、纱布、药棉、吸水纸、小毛笔。

2. 试剂：玉米粉、琼脂、干酵母、蔗糖、丙酸、酒精（70％）、乙醚。

四、实验方法

1. 果蝇的饲养检查及交配技术

（1）果蝇属双翅目昆虫，其生活史包括卵、幼虫、蛹、成虫四个阶段。各个阶段延续时间及整个生活周期的长短与温度有关，在 20～25℃时，卵—幼虫 3～5 天，幼虫—蛹 7～10 天，在 25℃下整个生活史可能在半个月左右完成，成虫可以存活 15 天以上。温度在 30℃以上时可使果蝇不育，乃至死亡，低温则延长生活周期，同时生活力降低。故而果蝇常放在 20～25℃恒温箱内培养为宜，高温季节最好有空调设备，或放入地下室，注意降温。

（2）果蝇的主要饲料是酵母菌，因此通常采用发酵的培养基繁殖酵母菌来进行果蝇的饲养，常用的有香蕉饲料，玉米粉琼脂饲料等。

Ⅰ香蕉饲料：取一片熟透的香蕉，在盛有鲜酵母悬浮液的小瓶中浸沾一下，取出放入小型培养瓶内即可。这种培养基制备简单、但日后易变软和发霉，影响操作。

Ⅱ玉米粉—糖—琼脂培养基：因配制方便而经济适用，是实验室常用的一种。有两种常用量配比，方法如下。

	水（ml）	琼脂（g）	蔗糖（g）	玉米粉（g）	丙酸（ml）	酵母粉（g）
配方 1	380	3.0	31.0	42.0	2.5	1.5
配方 2	100	1.0	10.0	15.0	1.0	1.5

按上列配方，可取半量的水，加入琼脂加热溶解后，再加蔗糖煮沸；另将玉米粉用所余的水调匀，然后将二液混合继续加热煮沸几分钟，最后加入丙酸搅匀，趁热将其倒入经过灭菌的培养瓶中（配方 1 够 50 瓶的用量，配方 2 够 15 瓶的用量）倾倒时注意避免沾到瓶壁和瓶口上，随即用灭菌的纱布面塞塞好瓶口、冷却后待用。用前加入干酵母粉或 1～2 滴新鲜酵母悬液。暂时不用的培养基应放在清洁冷凉处保存。

饲养管理或操作不善、培养基往往长菌发霉、高温多湿时更甚。霉菌严重妨碍果蝇的生长繁殖，甚至造成大量死亡，因此防止霉菌污染至关重要。配制饲料时所用的培养瓶，吸水纸和棉球塞等需要先以烘箱消毒。观察检查时应用的麻醉瓶、白瓷板、毛笔、培养皿等。凡装载果蝇及与果蝇接触的器皿工具，或高压锅也都要消毒放好，使用时用酒精擦净或过火，防止污染。

（3）果蝇的麻醉检查与转移。为了便于观察检查，必须先将果蝇麻醉。将麻醉瓶上的棉塞沾上少许乙醚，塞好瓶口，便乙醚在瓶内挥发，去塞将材料瓶覆于麻醉瓶上，轻轻敲拍，将果蝇震落于麻醉瓶中，随即盖好，利用瓶内的乙醚气体将果蝇麻醉。当转动瓶时，果蝇不能爬附在壁上，而纷纷跌落，即表示麻醉成功。如果果蝇两翅翘起成 45° 角，表示麻醉过度致死。将麻醉瓶中果蝇倾出，迅速观察检查完毕，用毛笔将果蝇倒到消毒纸上，送入材料瓶中，暂时将瓶横卧，待果蝇苏醒后，再竖立起来，以防止果蝇粘落在培养基上不能动弹而死亡。

揭开饲养瓶时，注意将瓶口朝下或平卧，以防止果蝇飞走及空中霉菌孢子落入，棉塞必先在酒精灯上烤一下，再行盖上。

（4）雌雄性的鉴别及隔离。在遗传杂交实验中，必须先用一定数量的雌雄蝇交配，故须鉴别雌雄，雌蝇体形略肥大，腹部七节环纹，尾端尖铣色浅。雄体体形较小腹部五节环纹，尾端园钝色浅，第一对足的趾节前端具有黑色性梳。初学的人用解剖镜或扩大镜观察，熟悉之后用肉眼即可鉴别。

为了按照规定方案进行交配，雌蝇必须用处女蝇，亲蝇在杂交前 10～15 天作准别。化蛹后测出全部成虫，每个 6～8h，将羽化出来的幼蝇鉴别其雌雄，隔离饲养，以便取得处女蝇作杂交作用。如果检查时间超过12h，则羽化出来的果蝇可能发生了交配，其雌蝇不能用，必须弃去，等待下批再取。

（5）杂交实验的一般程序。饲养亲蝇 10～15℃ ——→分离雌雄——→每瓶 3～5 对交配——→20～25℃7 天——→移去亲蝇——→F1 羽化——→每瓶 5 对交配——→20～25℃ 7 天——→移去 F1 成虫——→F2 羽化检查。

2. 实验操作

（1）繁殖，分离亲蝇：红眼原种果蝇（＋）及白眼突变型果蝇（W）。

（2）选蝇杂交：选取红蝇及白蝇果蝇进行正反交。注意注明杂交组合，日期及实验者姓名。

（3）观察记载：F1、F2 羽化时，逐日记载雌雄眼色，持续一周将资料汇总于下表。

组合	世代	雌蝇		雄蝇	
		红眼	白眼	红眼	白眼
正交	F1 合计比例				
	F2 合计比例				
反交	F1 合计比例				
	F2 合计比例				

（4）每周检查过的果蝇，应随即移去以免在原瓶中继续交配繁殖，干扰实验结果。

五、作业

交果蝇伴性遗传实验结果表，解释实验结果。

实验十二　果蝇的基因定位

一、实验目的

通过果蝇性染色体上已知位点相近的 3 个隐性基因的个体与其相对的野生型个体的杂交试验，验证连锁和互换规律，并根据 3 点测验结果进行基因定位。

二、实验材料

果蝇（*Drosophila melanogaster*）品系，野生型：红眼、长翅、直刚毛，突变型：白眼（*White eye*）、小翅（*Miniature*）、焦刚毛（*Singed*）。

三、实验用具

1. 仪器：双筒解剖镜、光学显微镜、饲养瓶、麻醉瓶、白瓷板、海绵板、毛笔。
2. 试剂：解剖针、乙醚、酒精、果蝇培养基。

四、实验说明

利用位于同一染色体上相近的 3 个等位基因的个体进行杂交，F1 再与 3 个隐性个体进行测交，从测交结果的分析来确定基因位置的方法叫做 3 点测验。因为 3 个等位基因位于同一染色体上，产生配子时要发生交换和重组，所以，从测交后代中就可直接得出交换重组的配子数，从而计算出重组值（交换值）。果蝇的白眼、小翅、焦刚毛分别由位于

X 染色体上的 3 个隐性基因 w、m、sn 所决定。决定这些相对性状的基因就是表现为：红眼、长翅、直刚毛，一般认为，雄果蝇的性染色体组成类型为 XY，Y 染色体与 X 染色体是非同源的，没有与 X 染色体对应的等位基因，由于 w、m、sn 是位于 X 染色体上，所以雄果蝇无交换，表现为完全连锁。而发生交换的只有雌果蝇。试验选用三隐性的雌蝇与野生型雄蝇杂交，再让 F1 代兄妹交配就可得到测交后代（为什么?），其过程可图示如下：

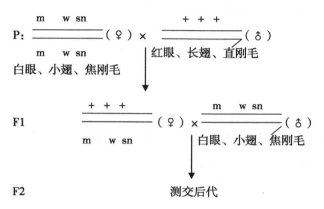

从测交结果看：交换类型占总数的比例，计算出单交换值和双交换值，最后确定这些基因的在染色体上相对位置，绘出连锁遗传图。

五、实验方法

1. 选取所需三隐性处女蝇和野生型雄蝇 5～6 对，一起放入盛有饲料的瓶中培养。

2. 一周后倒去亲本。

3. 待 F1 羽化后，观察 F1 的表现，雌蝇应全是野生型，而雄蝇是三隐性类型。

4. 取 F1 雌、雄蝇 7～8 对（雌蝇无须处女膜），放入另一新的饲养瓶中。

5. 一周后倒去 F1，待 F2 羽化后 10 天，用肉眼和借助解剖镜进行观察统计各种表现型的个体数，亦可 2～3 天统计一次，连续 2～3 次。

6. 将结果填入下表。

组别	基因型	表现性	个体数	基因间是否重组		
				m + sn	w + sn	m + w
第一组	＋　＋　＋ w　m　sn	红眼、长翅、直刚毛 白眼、小翅、焦刚毛				

（续表）

组别	基因型	表现性	个体数	基因间是否重组		
				m + sn	w + sn	m + w
第二组	w + + + m sn	白眼、长翅、直刚毛 红眼、小翅、焦刚毛				
第三组	+ + sn w m +	红眼、长翅、焦刚毛 白眼、小翅、直刚毛				
第四组	+ m + w + sn	红眼、小翅、直刚毛 白眼、长翅、焦刚毛				
重 组 值						

六、作业

1. 根据上述观察结果，计算各基因间的交换值，画出遗传学图。

2. 根据上述统计资料，计算符合系数。

实验十三　染色体组型分析

任何种生物的细胞中都有一定数目的染色体。一个二倍体生物配子中的全套染色体，包括一定数目，一定形态结构和一定基因组成的染色体群便称为一个染色体组。每组染色体中包含了一套对于某种生物的发生和生活机能的表现所不可缺少的最少限度的基因群。在不同种生物细胞中染色体组类型不同，一种生物细胞内核分裂中期时染色体的数目，大小和形态特征的总和称为该种生物的染色体组型（或核型）。

对细胞中的染色体进行分组，并对组内每个染色体的形态特征进行细致的观测和描述，这就是染色体组型分析。由于染色体是遗传物质单位基因的载体，控制生物绝大多数性状的基因或遗传信息，主要存在并分布于不同的染色体上。基因连锁群的数目恰与染色体的对数相符，因此对生物进行染色体组型分析，明确各个染色体的大小、形态，着丝点的位置以及付缢痕，随体的有无等特征，就有可能将不同的基因连锁群落实于各别染色体上，进行基因定位；就可能了解染色体的分化与物种分化的关系，为物种的起源于进化提供客观根据，并为调查异源染色体的附加、代换乃至易位提供细胞学的证据。故此，染色体组型分析无论对细胞遗传学，细胞分类学以及遗传工程的研究，都是十分基本而且必要的客观依据。在植物育种远缘杂交中，其更是一种不可缺少的研究手段。

一、实验目的

掌握染色体组型分析方法。

二、实验材料

洋葱（*Allium*）、蚕豆（*Vicia faba*）等植物的根尖，其有丝分裂永久制片以及染色体组型分析的示范图片。

三、实验用品

直尺、剪刀、小镊子、胶水、绘图纸。

四、实验方法

1. 观测计算

镜检选出至少3个合乎染色体组型分析用的中期细胞核，并以坐标标注位置，以便重复观测用，要求其染色体分散无重叠，各个形态结构明晰。着丝点有的随体明显可见。所有染色体着色深，胞质色浅，对比分明。

2. 染色体组型分析

染色体长度测量与计算：根据放大照片，用不锈钢小尺量出各染色体及其两臂的照相长度，力求准确，填入后表。

计算放大率：放大率 = 其染色体放大照片长度（u）/测微尺观测的实际长度（u）

计算各染色体及其两臂的绝对长度，求其臂比，填入下表。

染色体序号		臂长 mm 全长 = 短臂 + 长臂	绝对长度 u 全长 = 短臂 + 长臂	相对长度 全长	臂比 长/短	染色体 类型
暂时号	正式号					
1						
2						
3						
4						
5						
6						
7						
8						
9						
10						

注：随体染色体可以用 * 标出，随体地长度可计入或否，但要说明

染色体（臂）绝对长度 = 某染色体（臂）相照长度（化为 u）/放大率

染色体相对长度 = 某染色体的长度/染色体组内各染色体的总长度

臂比＝某染色体长臂的长度/其短臂的长度

3. 剪贴、配对、排列、分类

（1）将放大照片中的染色体剪下，注意编号切勿丢失或弄错，根据目测及染色体相对长度、臂比，着丝点位置及付缢痕的有无和位置，随体的有无及形状和大小等特征，将同型染色体随即相配成对。

（2）按由长至短的顺序，将各对染色体排列，如遇长度相同的染色体，则将短臂较长的染色体对排在前面，随提染色体及动物的性染色体，超数染色体排在最后或另行排列。

使各对染色体的着丝点都处在同一水平线上，粘贴整齐，编定染色体正式号码，填入上表。

（3）按照臂比即着丝点的位置，将各染色体进行分类，填入上表。

臂比　1.0～1.7 中部着丝点染色体　M

臂比　1.7～3.0 近中部着丝点染色体　SM

臂比　3.0～7.0 近端部着丝点染色体　ST

臂比　7.0 以上 端部着丝点染色体　T

随体染色体应以标注，如有付缢痕等其他特征，也应以注明，填入上表。

将排列贴好的染色体组型图片，再进行拍照或绘制成染色体模式图以便研究保存和交流。

4. 描述

（1）对细胞内染色体组成情况，作以下分析和描述。

ⅰ 染色体总数（2n）。

ⅱ 染色体组数及其来源与代号。

ⅲ 各染色体组内的染色体基数（X）。

ⅳ 整倍体的倍数，非整倍体的单体，缺体三体等。

ⅴ 染色体大小的对称性，染色体大小相似的为对称性组型，大小染色体并存的为不对称组型。

ⅵ 染色体臂长的对称性：由 M 染色体组成的对称性组型，由 SM 染色体组成或大多数为 M 染色体组成的为基本对称性组型。由 ST 染色体组成的为不对称组型。由 ST 和 SM 染色体共同组织成的为基本不对称性组型。

（2）对染色体组内每个染色体，做以下描述。

ⅰ染色体（臂）相对长度、臂比。

ⅱ着丝点位置或染色体类型。

ⅲ次缢痕的多少及分布，随体的有无与大小。

ⅳ如进行了显带，则记明各个染色体的带型特征，如着丝点带、中间带、端带或次缢痕带等，以及带纹的深浅。

ⅴ其他特征。

五、作业

染色体组型图（照片剪贴图）和附表说明。

实验十四　多倍体的诱发与鉴定

　　一般说来，大多数生物都是二倍体（2x），其体细胞具有两个染色体组。一组来源于父本，另一组来源于母本，因而具备两个基因组。细胞中含有 3 个以上染色体组的生物体称为多倍体，多倍体广泛存在于自然界，人类栽培的经济作物有许多是多倍体。

　　多倍体是高等植物染色体进化中的一种显著特征。多倍性可能包括体细胞染色体加倍，或细胞学上未减数配子的有性功能。这就是说多倍体可以自然发生，自发的染色体加倍，不管是合子染色体加倍而产生多倍体植物，还是顶端分生组织加倍而产生多倍体嵌合体，都是罕见事件，即发生的概率很小。多倍性的普遍方式是通过细胞学上未减数的配子的形成及其有性功能，即通过有性生殖过程，染色体数目的增加可以生产在杂种的第一代或以后世代。具体地说，通常是两个步骤的过程，二倍体（2n）雌配子与单倍体（n）雄配子受精产生三倍体（3x）：三倍体再产生细胞学上未减数的三倍体配子，用二倍体亲本的单倍体（n）配子给三倍体雌配子授精，从而产生四倍体（4n）后代。以罕见的二倍体（2n）雌雄配子融合，直接产生四倍体的情况极为罕见，但确有发生。多倍体除自然发生外，也可以人工诱发。人工诱发最有效的方法是秋水仙碱处理，其处理方法简便，对各种植物诱发效果均甚良好，此外秋水米特和富民农（对甲苯磺硫苯胺基汞）与秋水仙碱诱变效果相似。

　　秋水仙碱是从秋水仙的鳞茎和种子中提炼出来的，百合科的其它种的鳞茎内也有发现。纯秋水仙碱的分子式为：$C_{22}H_{25}O_6N + 3/2H_2O$，它的作用是一致破坏纺锤丝的形成，由于纺锤丝主要是由微管蛋白质构成，蛋白质分子中的二硫键—S—S—可以被细胞中辅酶—SH（硫氢根）还原，于是由分子内的二硫键转变为分之间的二硫键从而聚合成纺锤丝。因此凡能抑制—SH 作用的物质，将使蛋白质分子间不能发生聚合作用，从而阻碍纺锤丝的形成，使复制了的染色体不能分向两极，又不能形成新避，仍旧处于同一细胞中，于是染色体数目就发生了加倍。

秋水仙碱常用的有效浓度为 $0.01\% \sim 1.0\%$，而以 0.2% 左右的应用范围最广，可以浸泡、涂刷、点滴等方式处理细胞分裂旺盛的分生组织。不同植物材料最适的处理浓度及时间先要通过试验摸索出来。人工诱发的多倍体植物有以下特点：

个别部分、器官，细胞形体增大，气孔，花器、花粉粒、种子、果实等部分明显加大，气孔数目减少而密度变稀。气孔内叶绿体数目与染色体倍数性，已知在某些植物中有正相关趋势。

同源多倍体减数分裂中染色体联会分离不正常，分配不均衡，导致育性不同程度的降低，偶倍数的异源多倍体一般育性正常，但如有某些染色体组间存在着某种同源性，也会降低育性，奇倍数异源多倍体育性照例极低。

根据以上特征，可以进行多倍体的鉴定，最可靠的鉴定是作根尖或茎尖分生组织的细胞学检查，在分裂中期计数染色体数目，具体确定多倍体的诱发效果及染色体组的倍数。

现在，人们对于不以生产种子为目的的植物通过同源多倍体途径，可能改进其营养体性状，如获得无籽西瓜和四倍体甜菜；对于远缘杂交后代，则通过异源多倍体途径，可能克服其不孕性，产生新品种，如八倍体小黑麦。因此，多倍体在生物进化及人类育种中都具有重要的意义。

一、实验目的

了解植物多倍体的一般形态特征和细胞学特点；掌握植物多倍体的诱变及鉴定方法。

二、实验材料

1. 蚕豆或黑麦的种子。
2. 二倍体亚洲棉及同源四倍体亚洲棉的叶片或花粉粒。

三、实验用品

1. 仪器：光学显微镜、温箱、分析天平、镜台测微尺、目镜测微尺、目镜测微网、烧杯、量筒、容量瓶、培养皿、载片、盖片、镊子、解剖针、吸水纸、纱布。

2. 试剂：无水酒精、95%酒精、冰醋酸、秋水仙素、盐酸、（比重1：9）、二甲苯、叔（正）丁醇、加拿大树胶、碘、碘化银、洋红、明矾、苏木精、醋酸大丽紫、大丽紫、0.1%秋水仙碱溶液、果胶酶与纤维素酶混合液、IN盐酸、醋酸－铁矾－苏木精、卡诺氏固定液、醋酸洋红、脱水透明封片剂、1%I－KI。

四、实验方法

1. 蚕豆、黑麦根尖多倍体细胞的诱发芽与鉴定

（1）种子发芽及染色体加倍处理：取蚕豆或黑麦种子置于培养皿或沙盘中发芽，芽越壮越好。当根长到1厘米以上时，取出洗净，降水吸干，用0.1%的秋水仙碱处理，以药液浸没根部为准，根尖朝下，保持25℃，使之继续生长，注意勿使药液干涸，直到根尖明显膨大时即可固定，此过程在25℃下需24～36h。如果处理时间过长，则染色体倍数更多。

（2）取材固定与制片：在适宜温度下，任何时间取材均可，切取根尖，洗净，用卡诺氏固定1h，转入70%酒精中保存。

如果要进行快速检查，可采用醋酸大丽紫染色法，如果准备制成固定片，可采用醋酸洋红或醋酸－铁矾－苏木精染色法。染色制片操作方法见实验二、实验四。

（3）镜检观察鉴定：从根端生长点有丝分裂制片中找出中期分裂相，确定诱变成功的细胞，计数染色体数目，将具有典型的二倍体染色体组成或四倍体染色体组细胞的切片制成永久片。

2. 二倍体及四倍体亚洲棉的比较鉴定

取生长定型的叶片及成熟的花粉粒进行一下的观察和鉴别。

（1）气孔大小：撕下叶片下表皮一小片，应呈透明态膜状，置载片上，滴1滴I－KI溶液加上盖片，观察气孔大小，并用显微镜测微尺测量气孔保卫细胞的长 X 宽，测定50个气孔的平均值。

测量细胞长度的方法：先求换算值，看准目镜测微尺与镜台测微尺前后密切重叠的两个尺度。数出双方在重叠刻度间所包括的小格数目，以下列将将目镜测微尺每小格换标为实际长度微米 μ。

目镜测微尺每小格长度（％）＝镜台测微尺小格数/目镜测微尺小格数×100

用目镜测微尺量出细胞的长、宽格数，乘以换算值，即得实际长度 μ。

当变换显微镜的目镜、物镜放大数倍时，需重新调整计数换算值，并且只要是不同显微镜，即使同样的放大倍数观察，也必须分别测算换算值，不能彼此代用。

（2）花粉粒大小形态。夹破花药，使花粉粒散落，滴少许 I－KI，盖上盖片，在镜下观察花粉粒性状大小，是否整齐，有无畸形，测量花粉粒直径，以 500 个求平均数。

（3）气孔数目及其叶绿体数目。借助测微尺计算气孔数目，求出气孔密度，计算气孔保卫细胞中叶绿体的数目，取 200 个气孔观测结果平均值。

将结果记入下表。

材料	染色体数目	气孔密度	气孔长×宽	气孔叶绿体数	花粉粒直径	花粉粒形态
二倍体（2×）						
四倍体（4×）						

五、作业

1. 交蚕豆根尖二倍体及四倍体的固定片。

2. 每人观察蚕豆根尖中期分裂细胞 15~20 个，注明其中染色体加倍及未加倍的细胞数目。综合全组结果，计算秋水仙碱诱发多倍体细胞的频率。

3. 每人测量二倍体及四倍体亚洲棉的 10 个气孔及 20 个花粉粒，综合全组结果，交表并附分析说明。

药品配制：

1% I－KI：取 2g 碘化钾溶于 5ml 蒸馏水中，加入 1g 金属碘，待溶解后再加入 295ml 水，保存于棕色瓶中。

实验十五　线粒体与液泡系的超活染色

活体染色是指对生活有机体的细胞或组织能着色但又无毒害的一种染色方法，它的目的是显示生活细胞内的某些结构而不影响任何生命活动和产生任何物理、化学变化以致引起细胞死亡，主要是染料的"电化学"特性起重要作用。

一、实验目的

1. 观察动、植物线粒体、液泡系的形态、数量与分布。
2. 学习一些细胞器的超活染色技术。

二、实验材料

人口腔黏膜上皮细胞、洋葱鳞茎内表皮、大豆幼根根尖。

三、实验用品

1. 仪器：光学显微镜、离心机。
2. 试剂：1/3 000 中性红溶液、1/5 000 詹纳斯绿 B 溶液、Ringer 溶液。

四、实验方法

1. 口腔黏膜上皮细胞线粒体的超活染色
（1）取洁净载玻片，滴两滴 1/5 000 詹纳斯绿 B 溶液。

（2）用牙签在自己口腔颊黏膜处稍用力刮取上皮细胞，将刮下的黏液状物放入载玻片的染液中，染色10～15min。

（3）盖上盖片，用吸水纸吸去四周溢出染液，镜检（40×即可，光圈调暗些，看到的更清楚，细胞质中分布着一些小颗粒，即为线粒体）。

2. 洋葱鳞茎内表皮细胞线粒体的超活染色

（1）滴一滴1/5 000詹纳斯绿B溶液，撕取$1cm^2$洋葱内表皮置于染液中15min。

（2）盖上盖片，镜检（40×即可，光圈调暗些，看到的更清楚，细胞质中分布着一些小颗粒，即为线粒体）。

3. 大豆根尖细胞液泡系观察

（1）用刀片将根尖小心切一纵切面，放入载片1/3 000中性红溶液中染色15min；

（2）盖上盖片，小心用手把根尖压扁，镜检。

五、作业

1. 绘图

（1）人口腔黏膜上皮细胞线粒体（一个细胞）；

（2）洋葱鳞茎内表皮细胞线粒体（一个细胞）；

（3）大豆根尖细胞液泡系观察分生区细胞和伸长区细胞。

2. 试剂配制

（1）Ringer溶液：NaCl 8.5g，KCl 2.5g，$CaCl_2$ 0.3g，加蒸馏水定容至1 000ml。

（2）1/3 000中性红溶液：称取0.5g中性红（6号柜子第一层）溶于50ml Ringer液，稍加热（30～40℃）使之很快溶解，用滤纸过滤，装入棕色瓶于暗处保存，否则易氧化沉淀，失去染色能力。临用前，取已配制的1%中性红溶液1ml，加入29ml Ringer溶液混匀，装入棕色瓶备用。

（3）1/5 000詹纳斯绿B溶液：称取50mg詹纳斯绿B溶于5ml Ringer溶液中，稍加热（30～40℃），使之溶解，用滤纸过滤后，即为1%原液。取1%原液1ml加入49ml Ringer溶液，即成1/5 000工作液装入瓶中备用。最好现用现配，以保持它的充分氧化能力。

实验十六　脱氧核糖核酸（DNA）的鉴定
——孚尔根（Feulgen）反应

染色体是遗传物质的载体，它的主要化学成分是脱氧核糖核酸（DNA），DNA 系核苷酸的多聚体，核苷酸又由碱基脱氧核糖和磷酸所组成，当细胞经 60℃、1mol/LHCl 处理后，不仅使分生组织的细胞彼此分离，而且可以破坏核内 DNA 链上的嘌呤碱与脱氧核糖之间的糖苷键，嘌呤脱下，脱氧核糖上的醛基暴露，形成含醛基的无嘌呤结构物，醛基与无色碱性品红相遇时发生反应而呈现紫红色。所以，根据紫红色出现的部位就可鉴定脱氧核糖核酸（DNA）的存在。

孚尔根反应产生紫红色的原理是比较复杂的，上述仅是一种较为流行而简单的解释。

一、实验目的

学习孚尔根（Feulgen）反应鉴定细胞内 DNA 的基本原理和方法。

二、实验材料

大蒜、蚕豆、大麦等的根尖。

三、实验用具、药品

1. 仪器：光学显微镜、载片、盖片、镊子、解剖针、小酒杯、小玻璃瓶。
2. 试剂：希夫氏试剂（无色碱性品红液）、漂洗液、1mol/LHCl、45% 醋酸。

四、实验方法

1. 载取蚕豆或大麦根尖，用卡尔诺氏固定液固定。

2. 95%、85%、70%酒精依次洗涤，去净醋酸味。

3. 1mol/L HCl 盐酸室温浸 2～5min，然后移入 60℃ 1mol/LHCl 12min。

4. 用洁净滤纸吸去材料表面沾附的液体，投入希夫氏试剂瓶，瓶外加黑纸或置于黑暗处染色 0.5～3h。

5. 从希夫氏试剂取出材料后，用新配漂洗液漂洗 3 次，每次 5～10min，然后进用蒸馏水漂洗。

6. 压片镜检：取根尖染色较深的部位少许置载片上，滴一滴 45% 醋酸，复上盖片并外加滤纸，用铅笔之橡皮头连续轻击数下即成。显微镜下观察，细胞核或染色体呈紫红色核仁和细胞质无色，若要隔一段时间制片，材料宜保存在 0℃ 的蒸馏水中。

7. 对照：根尖放在 60℃ 蒸馏水中水解或不经 60℃ 仅在室温下用 1mol/LHCl 进行酸解。其余操作步骤同上。

五、作业

说明经 60℃ 1mol/LHCl 处理后的制片与对照处理制片有何区别？为什么？

绘图：对照处理和实验处理各一个细胞染色结果（40 倍物镜下图）。

试剂配制：

1. 希夫氏试剂（Schiff 试剂）

称取 0.5g 碱性品红加入到 100ml 煮沸的蒸馏水中（用三角瓶），时时振荡，继续煮 5min（勿使之沸腾），充分溶解。然后冷却致 50℃ 时用滤纸过滤，滤液中加入 10ml 1mol/L HCl，冷却致 25℃ 时，加入 0.5g 偏重亚硫酸钠（$Na_2S_2O_3$）或偏重亚硫酸钾（$K_2S_2O_3$），充分振荡后，塞紧瓶塞，在室温暗处静置至少 24h（有时需要 2～3 天），待溶液红色褪去，呈现无色或淡黄，然后加入 0.5g 活性碳，用力振荡 1min，最后用粗滤纸过滤于棕色瓶中，封瓶塞，外包黑纸。滤液应为无色也无沉淀，贮于冷暗处（如 4℃ 冰箱中）备用，可保持数月或更长时间。如有白色沉淀，就不能再使用，如颜色变红，可加入少许偏生亚硫酸钠或钾，使之再转变为无色时，仍可再用。

先将400ml蒸馏水煮沸，由火上取下，加入碱性品红2g，充分搅拌，有助于溶解。待溶液冷却到50℃时过滤到磨口棕色试剂瓶中，加入1mol/L HCl 40ml，冷却致25℃时，加入2g偏重亚硫酸钠（$Na_2S_2O_3$）或偏重亚硫酸钾（$K_2S_2O_3$），充分振荡后塞紧瓶塞，放于暗处过夜，次日取出，呈淡黄色或近于无色，然后加入中性2g活性碳，剧烈振荡1min，最后用粗滤纸过滤于棕色瓶中，即得无色品红。封瓶塞，外包黑纸。滤液应为无色也无沉淀，贮于冷暗处（如4℃冰箱中）备用，可保持数月或更长时间。

2. H_2SO_3（漂白液）即亚硫酸水溶液

10%偏重亚硫酸钠水溶液（15g $Na_2S_2O_3$溶于150 ml水中）10ml，蒸馏水200ml，1mol/L HCl 10 ml，摇匀，塞紧瓶塞。

实验十七　Brachet 反应
——DNA 与 RNA 区分染色法

细胞核中的染色质主要由脱氧核糖核酸（DNA）所组成，而核仁主要成分是核糖核酸（RNA）。由于 DNA 和 RNA 在组成及结构上存在一定差别，因此，它们对不同的染料则具有不同的显色反应。如甲基绿（Mcthyl – Green）专门使染色质中的 DNA 染成绿色，而焦宁（派罗宁 Pyronin）则能把核仁和细胞质中的核糖核酸（RNA）染成不同程度的红色。这样，从细胞不同的染色结果来证明和鉴定 DNA 和 RNA 的存在和分布。

一、实验目的

学习 DNA 和 RNA 的区分染色，从 DNA 和 RNA 的不同染色效果证明染色体的组成部分主要是 DNA，核仁主要组成部分是 RNA。

二、实验材料

蚕豆（Vicia faba）根尖或花蕾、玉米（Zea mays）幼嫩雄穗。

三、实验用品

1. 仪器：显微镜、恒温水浴锅、镊子、小酒杯、小玻璃瓶、培养皿、载片、盖片、酒精灯、染色缸、解剖针。
2. 试剂：95%、85%、70%酒精、蒸馏水、甲基绿 – 派洛宁染色液、丙酮、二甲苯、树胶。

四、实验方法

1. 固定：同一般有丝分裂和减数分裂。

2. 将固定后经酒精洗涤的材料用 4% 酶解离，制成临时涂布片（花药不要解离）。

3. 将涂布片在酒精灯火焰上微热（勿持续烘烤），干燥后放进蒸馏水中漂洗 5min。

4. 洗涤后取出涂布片吸干材料表面的水分，可在酒精灯火焰上微热，然后滴几滴甲基绿－哌洛宁染色液，染色 10～30min。

5. 染色后用吸水纸吸去材料表面的染质。

6. 在纯丙酮中分色 30s。

7. 在 1/2 纯丙酮加 1/2 二甲苯液中过一下。

8. 二甲苯透明，树胶封片，镜检。

对照片可将酒精洗涤过的材料放在 90℃ 和 5% 三氯醋酸中 15min，除去 DNA 和 RNA。以下制片、染色方法同上。

五、作业

1. 说明经三氯醋酸处理的制片与未处理的制片有何区别。

2. 绘图并叙述（染色结果及分析）。

试剂配制：

1. Carnoy 固定液：95% 酒精：冰乙酸 = 3：1。

2. 甲基绿－哌洛宁染液（Unna 染液）：

甲液：5% 派洛宁水溶液 6ml；2% 的甲基绿水溶液 6ml；蒸馏水 16ml

乙液：1M pH 4.8 的醋酸盐缓冲液：16ml

A 液：6ml 冰醋酸 + 100ml 蒸馏水

B 液：13.5g 醋酸钠 + 100ml 蒸馏水

取 A 液 40ml 加 B 液 60ml 即为乙液。乙液以现配为好。

甲液和乙液分别保存在 4℃ 冰箱中备用。用时甲、乙两液混匀即成 Unna 试剂。

3. 5% 三氯乙酸：25g 三氯乙酸溶于 500ml。

实验十八　PEG 诱导细胞融合

两个以上的细胞合并成一个双核或多核细胞称为细胞融合，聚乙二醇用于多种细胞的融合试验，操作方法简单，效果稳定，但其融合的机理不甚明了，其作用过程是先使细胞凝集，然后接触部位细胞膜融合，胞质流通最后导致细胞融合。

一、实验目的

掌握细胞融合概念，初步掌握细胞融合技术。

二、实验材料

血红细胞，0.85%生理盐水，GKN 液，50% PEG（6 000）。

三、实验方法

2% 红细胞的制备：

1. 量取 1ml 驴血，加入 3ml 生理盐水混匀，2 000rph 离心 2min。

2. 弃去上清夜，向沉淀中加入 3ml 生理盐水，再 2 000rph 离心 2min。

3. 重复 2；所得沉淀加 10mlGKN 液混匀成 2% 红细胞液。

4. 取以上悬液 1ml，加入 1ml37℃的 50% 的 PEG 混匀，置于 37℃ 水浴中温浴 2min，取血球悬液一滴滴于载片上，盖上盖片。

5. 镜检。

四、作业

绘细胞融合和对照图。试剂配制：

1. 0.85% 生理盐水：8.5g 氯化钠溶于 1 000ml 重蒸水中。

2. GKN 液：氯化钠 8g，氯化钾 0.4g，磷酸氢二钠 1.77g，磷酸二氢钠 0.69g，葡萄糖 2g，酚红 0.01g，溶于 1 000ml 重蒸水中。

3. 50%（m/V）PEG 溶液：称取 50g PEG（相对分子量 =6 000）放入 100ml 小烧杯中，在沸水浴中加热，使其溶化，待冷却至 50℃时，加入预热至 50℃的 GKN 液 50ml，混匀，置于 37℃备用。

实验十九　细胞膜的渗透性

当红细胞置于不同等渗溶液中，由于对各种溶质的通透性不同，因此有些溶质分子可透入，有的溶质分子不能透入，能透入的溶质分子的速度也不同。当溶质分子进入红细胞，使细胞内溶质浓度增加时，导致水的摄入。红细胞膨胀到一定程度时，红细胞破裂，血红素溢出，即红细胞发生溶血。由于溶质进入速度不同，溶血的时间也不同。

（在低渗液中，细胞很快吸水而胀裂，称为溶血。在等渗液中，由于有些溶质会进入红细胞内、引起细胞渗透压升高，细胞也会吸水胀裂，由于各种物质透入细胞的速度不同，溶血的时间不同。）

一、实验目的

了解细胞膜的渗透性及各类物质进入细胞的速度。

二、实验材料

驴（或羊、鸡、牛）全血。

三、实验用品

1. 仪器：光学显微镜、烧杯、移液管、吸耳球、试管、试管架。
2. 试剂：0.17M NH_4Cl、0.17M $NaCl$、0.17M NH_4Ac、0.17M $NaNO_3$、0.32M 丙酮、0.32M 乙醇、0.32M 葡萄糖、0.32M 甘油、0.12M Na_2SO_4、0.12M $(NH_4)_2C_2O_4$。

四、实验方法

1. 驴血细胞悬液的制备：取一支试管，加入 1ml 驴全血和 10ml 0.17M NaCl，形成一种不透明的红色液体。

2. 驴血细胞的渗透性：

①阳性对照：在试管中加入 10ml 水，再加入 1ml 驴血的细胞悬液，记下由不透明到透明的时间。

②取另一支试管，放入一种待测试剂 10ml，再加入 1ml 悬液，看是否发生溶血现象，若有，记下溶血完全所用的时间。

③换一种待测试剂，重复操作②。

五、作业

填表并分析实验结果。

试管编号	是否溶血	时间	分析结果
驴血 + NH_4Cl			
驴血 + NH_4Ac			
驴血 + $NaNO_3$			
驴血 + $(NH_4)_2C_2O_4$			
驴血 + Na_2SO_4			
驴血 + 葡萄糖			
驴血 + 甘油			
驴血 + 乙醇			
驴血 + 丙酮			
驴血 + 水			

药品配制：

1. 0.17M　NaCl（氯化钠）：称取 9.945g 氯化钠，加蒸馏水定容至 1 000ml。

2. 0.17M　NH_4Cl（氯化铵）：称取 9.605g 氯化铵，加蒸馏水定容至 1 000ml。

3. 0.17M　NH_4AC（醋酸铵）：称取 13.09g 醋酸铵，加蒸馏水定容至 1 000ml。

4. 0.17M　$NaNO_3$（硝酸钠）：称取 14.45g 硝酸钠，加蒸馏水定容至 1 000ml。

5．0.12M　（NH$_4$）2C$_2$O$_4$（草酸铵）：不带水的称取 14.52g，带水的称取 17.04g，加蒸馏水定容至 1 000ml。

6．0.12M　Na$_2$SO$_4$（硫酸钠）：称取 17.04g 硫酸钠，加蒸馏水定容至 1 000ml。

7．0.32M 葡萄糖：称取 57.6g 葡萄糖，加蒸馏水定容至 1 000ml。

8．0.32M 甘油（丙三醇）：量取 23.365ml 甘油，加蒸馏水定容至 1 000ml。

9．0.32M 乙醇：量取 18.4ml 乙醇，加蒸馏水定容至 1 000ml。

10．0.32M 丙酮：量取 11.38ml 丙酮，加蒸馏水定容至 1 000ml。

实验二十　细胞凝集反应

凝集素是一类含糖，并能与糖专一结合的蛋白质，被认为与糖的运输、储存物质的积累，细胞间的互作以及细胞分裂的调控有关。凝集素使细胞凝集是因为它与细胞表面的糖分子（细胞外被的寡糖链相连接）连接，使细胞间形成"桥"的结果，加入与凝集素互补的糖可以抑制细胞发生凝集。

大多数凝集素存在于储藏器官中，作为一种氮源，对某些植物而言，受到危害时，凝集素作为一种防御蛋白发挥作用。凝集素与糖结合的活性及专一性决定其功能。

一、实验目的

学习提取凝集素，观察细胞凝集反应。

二、实验材料

驴（或羊、鸡、牛）全血和土豆块茎。

三、实验材用品

1. 仪器：光学显微镜、低速离心机、电子天平。
2. 试剂：0.85%生理盐水、PBS 缓冲液。

四、实验方法:

1. 凝集素的制备

秤取 4g 去皮土豆,剪碎后,置于 50ml 小烧杯中,加入 10ml PBS 缓冲液,浸泡 2h,浸出液中含有土豆凝集素。

2. 2% 红细胞的制备

(1) 量取 1ml 驴血,加入 3ml 生理盐水混匀,2 000rph 离心 2min;

(2) 弃去上清夜,向沉淀中加入 3ml 生理盐水,再 2 000rph 离心 2min;

(3) 重复(2);所得沉淀加 10ml 生理盐水混匀成 2% 红细胞液。

3. 制片观察

(1) 取一张洁净载波片,各滴一滴红细胞和凝集素,静置 20min 后观察;

(2) 取 PBS 液与红细胞各一滴,滴至另一张洁净载波片上,静置 20min 后观察,对照。

4. 盖上盖片,镜检,10x 物镜即可。

五、作业

简图表示细胞凝集现象。

试剂配制:

1. 生理盐水(0.9%):秤取 NaCl 3.6g,溶于 400 蒸馏水中。

2. PBS 缓冲液:秤取 NaCl 7.2g、Na_2HPO_4 1.48g、KH_2PO_4 0.43g、加蒸馏水,定容至 1 000ml,调 pH 值至 7.2。

3. 抗凝剂(3.8% 柠檬酸钠生理盐水溶液):秤取柠檬酸钠 7.6g,溶于 200ml 生理盐水。